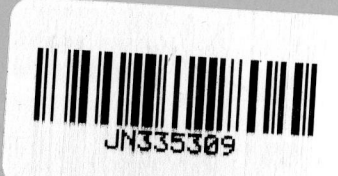

森のさんぽ図鑑

長谷川哲雄

築地書館

森のさんぽ図鑑

目次

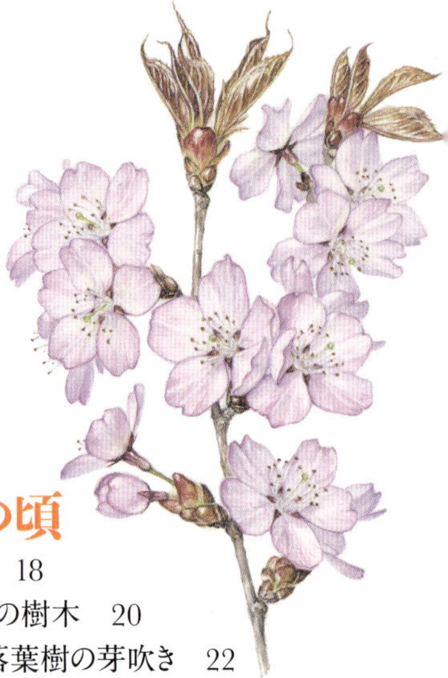

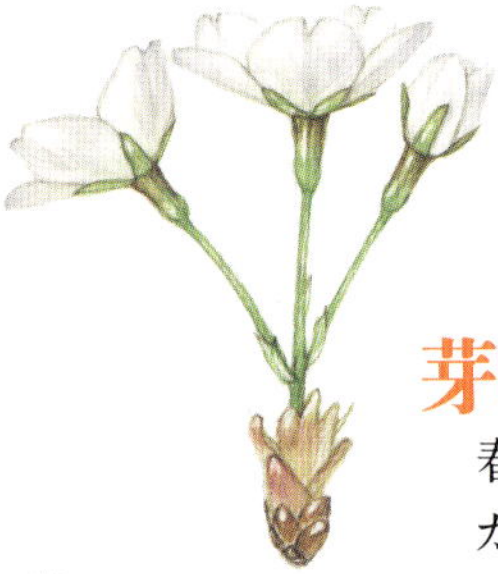

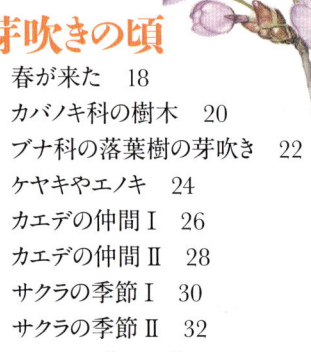

芽吹きの頃

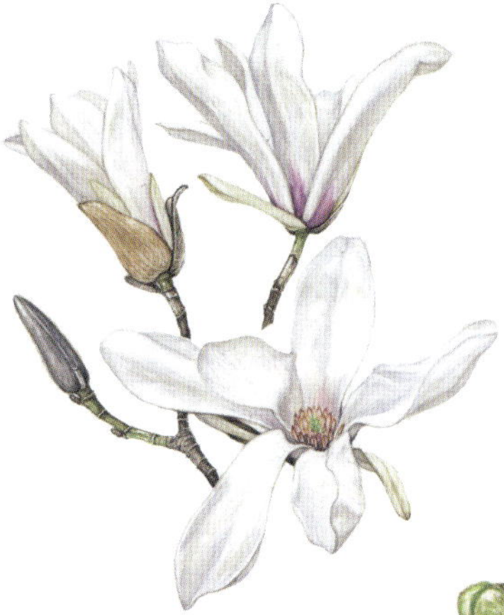

芽吹きさまざま

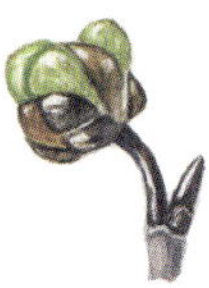

早春の雑木林

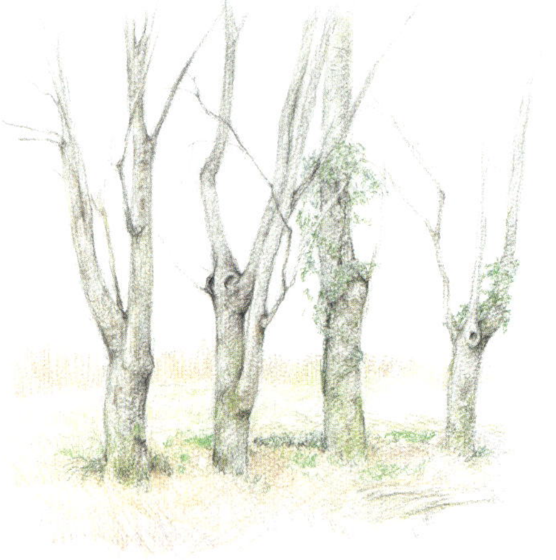

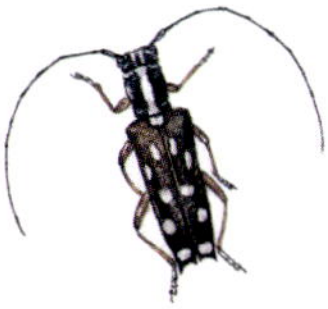

夏の雑木林

夏の避暑地の樹木観察

ものしりコラム

まえがき

普段私たちは、たいがい何かの目的をもって活動しています。そして、それを達成するために、効率のよい段取りを考える。さもないと何も始まらないし、何ひとつ完成もしません。

けれども、それはつねに何かを切り捨てていることでもあります。やむを得ないこととはいいながら、もったいない気もします。ぼくなど、野外に取材に出かけた折に、気になることはあっても、さしあたって今日は見て見ぬふりをして通り過ぎる、ということも数知れず。

散歩というのは、明確な目的がありません。花盛りのカタクリやサクラを見るために、わざわざどこか遠くへ出かけるというのとも、少し違います。

散歩には道草がつきもの。花盛りであろうがあるまいが、お気に入りの散歩道を見つけて通い続けていると、ある時、何かの変化に気づいて、おや？　と思って立ちどまる、ということがよくあります。

見慣れた風景が、というのか、見慣れてくればこそ、そこにささいなことでも変化が起きると、人の注意をひき、好奇心をくすぐる。こうして道草が始まります。

そうやって、しょっちゅう道草を喰っていると、知識もふえ、ものの見方も深まって、思いがけない発見に小躍りすることもあります。やがて新しい世界への扉が開き、自然の迷宮にあそぶ喜びにつながっていくはずです。

この本では、早春から夏の終わりまで、季節の推移に従って、おもに雑木林の樹木の見どころを紹介しました。関連の深い昆虫も少しだけあげましたが、昆虫は何しろ種類が多いので、それはまた別の機会にまとめられたらと考えています。ともあれ、これが散歩の折の道草の楽しみの一助となれば幸いです。

本書をつくるにあたっては、多くの方々のお力添えをいただきました。

特に、東京大学日光植物園のスタッフの皆さまには、さまざまな植物の取材の便宜をはかっていただき、心から感謝しています。

また、いつものことながら面倒な作業にあたってくださった小野蓉子さん、デザインに関してお手をわずらわせた今東淳雄さん、出版に向けて励ましてくださった築地書館の土井二郎さんらに深く感謝の意を捧げます。

2014年1月
長谷川 哲雄

用語解説

木本《もくほん》（木）と草本《そうほん》（草）

「木」と「草」の区別はじつは明確ではない。もともと人間が便宜的に設けた枠組みなので、厳密に定義するのは困難である。一般に、多年にわたって肥大成長を続け、地上部に永続的な固い木部を持つ植物を「木」すなわち木本とする。タケは地上部が何年も生き続けるが、1年で成長が止まってしまうので、この定義にあてはまらないが、便宜的に木本として扱われることが多い。

木はその大きさによって高木とか低木という呼びかたをする。便宜的に、おおむね10 mを超えるものを高木、3～4 m以下のものを低木、その中間のものを小高木と呼ぶことが多い。

ニワトコやノイバラ、ガマズミのように、根際からいくつもの枝分かれをした樹形になる低い木を灌木《かんぼく》と呼ぶことがある。英語のshrubがこれに相当し、1本の幹の上部で枝分かれするtreeと区別している。

種《しゅ》と和名、学名

形のうえでも生活のしかたの点でも共通の性質を持ち、互いに自然な繁殖を行う個体の集合を種といい、分類の基本単位となる。互いによく似た種は属のもとにまとめられ、共通の性質を持つ属は科という枠の中にまとめられる。

個々の種に与えられた日本語の名前を和名（標準和名）という。各地にそれぞれの地域で使われてきた地方名もある。

万国共通の学術的な名前を学名といい、ラテン語もしくはラテン語化されたほかの言語で表記される。属の名前は名詞、個々の種に与えられる種小名は形容詞である。

同一の種内の変異は、植物では主に変種（var.=varietyの略）として扱われる。動物では地理的な変異を亜種（ssp.=subspeciesの略）として扱う。

葉

葉は、その本体というべき葉身《ようしん》と、葉柄《ようへい》および托葉《たくよう》の3つの部分から構成される。葉身や葉柄の形状は種類ごとに異なり、托葉も、初めからこれを欠くものや、あっても脱落しやすいものがある。

葉の縁の山形のぎざぎざを鋸歯《きょし》と呼び、ひとつの山がさらに複数の山に分かれるものを重鋸歯《じゅうきょし》という。鋸歯のないものを全縁《ぜんえん》と呼ぶ。葉身が深く切れ込んだ形のものもあり、その切れ込みがさらに深くなって、それぞれが独立した葉のようになったものを複葉《ふくよう》という。複葉を構成する小さな単位を小葉《しょうよう》と呼ぶ。

ウワミズザクラ（単葉）

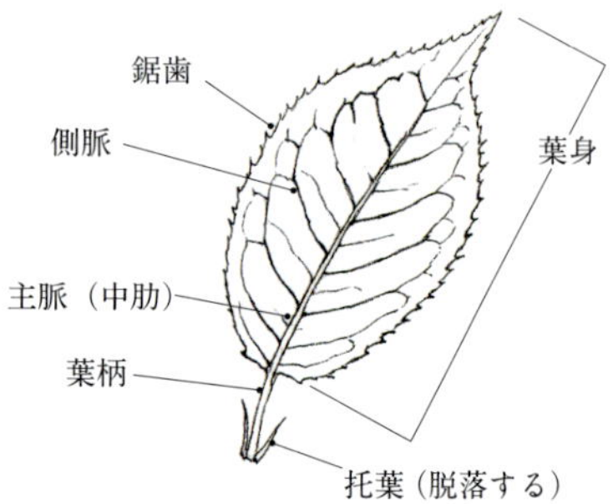

ノイバラ（複葉）

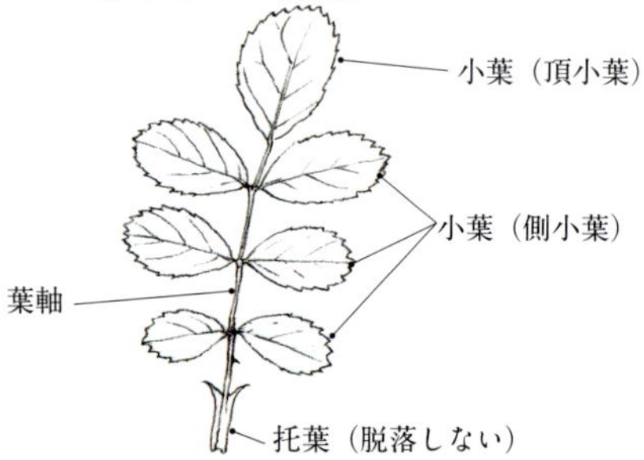

花

花は植物の生殖器官で、外側から順に、萼片《がくへん》、花弁《かべん》、おしべ、めしべによって構成される。おしべは花粉の入った葯《やく》と、それを支える花糸《かし》からなる。めしべは、その内部に胚珠《はいしゅ》を包みこんだ子房《しぼう》と、そこから細長く伸びた花柱《かちゅう》、および柱頭《ちゅうとう》という部分からなる。受粉すると、胚珠は種子に、子房は果実になる。

種類によっては、これらのうちのいずれかひとつ、またはそれ以上の部分を欠くものがある。めしべが退化しておしべだけになったものが雄花、おしべが退化してめしべだけになったものが雌花、両方がそろっているものは両性花という。

昆虫などが花粉を媒介する虫媒花《ちゅうばいか》では花弁や萼片が発達するものが多く、風などによって花粉が媒介される風媒花《ふうばいか》ではそれらを欠くものが多い。

花を構成する萼片や花弁、おしべ、めしべをのせた台座を花托《かたく》または花床《かしょう》と呼び、その下の細長い柄を花柄という。

複数の花の集まりを花序《かじょ》といい、個々の花の花柄の基部には苞《ほう》（苞葉《ほうよう》）がある。花序全体を包みこんでいる苞葉の集合を総苞《そうほう》と呼ぶ。

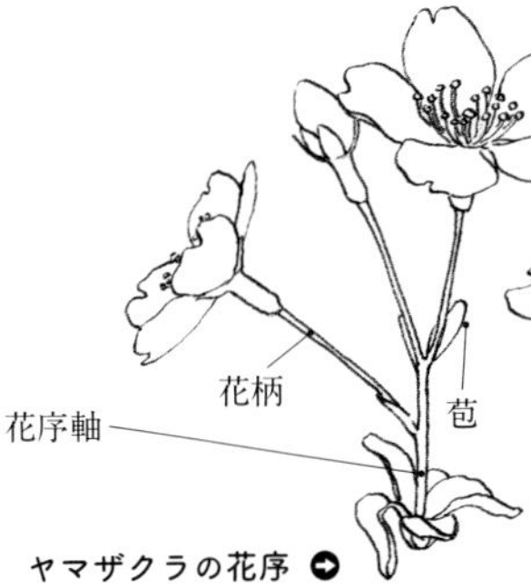

ヤマザクラの花序 ➡

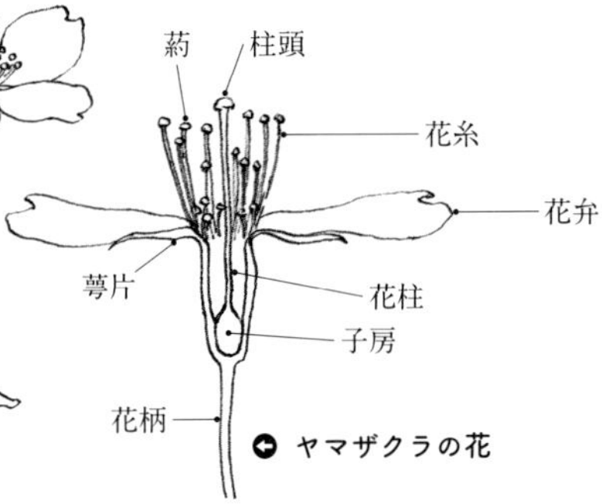

⬅ ヤマザクラの花

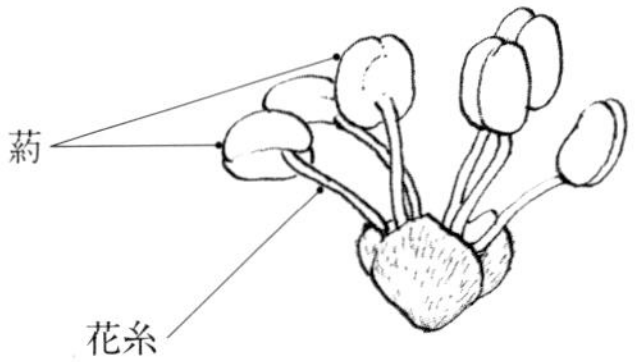

⬆ コナラの雄花

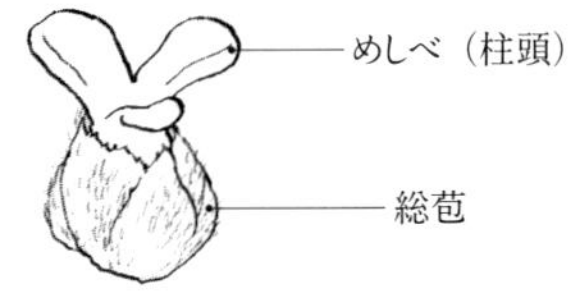

⬆ コナラの雌花

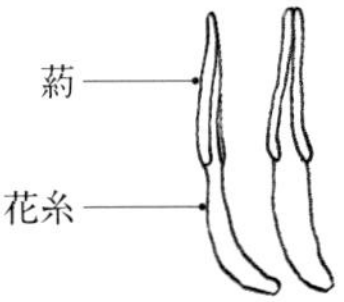

⬆ ホオノキのおしべ

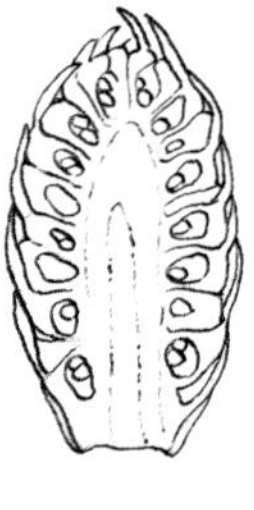
⬆ ホオノキのめしべ群

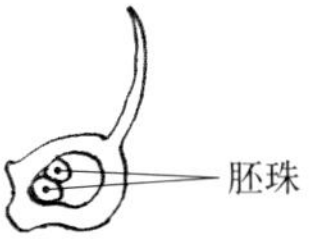

⬆ ホオノキのめしべの断面

雪どけの頃

2月4日頃が立春。暦の上では春の始まりだが、生きものの動きはまだまだ。冬枯れの景色の中で、ハンノキの雄花の花序がほころんだり、その樹の下でザゼンソウが咲き出す程度。

春きぬと人はいへども　鶯の鳴かぬかぎりはあらじとぞ思ふ

(古今集巻一、壬生忠岑)

ごもっとも！　2月も末になれば、暖かい地方から梅の花も見頃になってくる。

花の香を　風のたよりにたぐへてぞ　鶯さそふしるべには遣る

(古今集巻一、紀友則)

関東から西の地方の平野部では、啓蟄《けいちつ》を過ぎると、自然は急に活気づいてくる。どこそこからウグイスの初鳴きの便りが届いた、などというのは他愛もない話題なのに、毎年この時期になれば必ず報道されるのだから、やはり春はみんな待ち遠しいのだ。

もっとも、雪国に暮らす人たちにとっては、春を告げ知らせるのは、雪どけ水でかさを増した川が、濁流となって流れくだる時の音かもしれない。これは、何か、勝利の凱歌のように聞こえないこともない。その川べりでヤナギの花芽がほころぶ。雑木林のふちを歩けば、ダンコウバイやキブシの花が咲き出している。コブシの花が咲くと、いよいよ芽吹きの季節到来だ。

雪どけの頃の糸魚川市根知

『芽の行進』

カレル・チャペック——この20世紀前半の、ボヘミア生まれの作家には『園芸家12か月』という楽しい作品がある。1928年から29年ごろに書かれたこの書物、1月から12月までの園芸家の営みを、深い洞察にユーモアをたっぷり織りまぜて、じつに愉快な読み物に仕上げている。

その3月の章に、「芽(die Knospen)」に関する項目がある。レンギョウの芽吹く瞬間を待ち構えていて、まんまとしくじった一件から始まるこの短い話には、樹木の芽吹くようすが丹念に描かれている。芽吹きというのは、誰にとっても面白い。

ところで、ここには、「もし私が音楽家だったなら、『芽の行進』と題する音楽を書いただろう」というくだりがあって、このあと、芽吹きのようすを音楽になぞらえて語っているのだが、ここを読んでいるといつも、マーラーの第3交響曲、とりわけその最初の楽章が頭の中で鳴り出してくる。

マーラーはボヘミア生まれのユダヤ人。チャペックよりもちょうど30歳上で、マーラーが亡くなった時、チャペックは21歳。第3交響曲の全曲の初演が1902年というから、チャペックはこの時12歳だったということになる。

ここから先の話は、ぼくの想像——というより妄想に近いものだが、チャペックはマーラーのこの大曲を——初演はべつにしても——知っていて、それが頭のどこかにあって、この「芽の行進」云々を書いたのではないか。のちに撤回したが、マーラーは当初、第1楽章には「牧神が目ざめ、夏が行進する」と書き添えていた。

チャペックには『山椒魚戦争』という長編があって、そこでは、山椒魚の知能について、指揮者トスカニーニを登場させて語らしめていたはずだ。してみれば、この破天荒な同郷人の作品に関心を持たずにいたと考えるほうが難しいと思うのだが、さて……？

脱線のついでにいえば——散歩には寄り道がつきものだから——、ぼくはバルビローリ指揮の演奏をいつも楽しんでいる。1969年(つまり指揮者の最晩年)、手兵ハレ管弦楽団との実況録音盤。バルビローリのよいところは、ひとつには、音のテクスチュアに敏感なことだと思う。

フサザクラ　*Euptelea polyandra*〔**フサザクラ科**〕
光沢のあるこげ茶色のまるい芽がほころびると、鮮やかな赤い花が現れる。とはいえ、これは花弁のない風媒花。まっ赤なおしべの葯が裂開して、淡黄色の花粉をまき散らす。雌花は花糸の基部にある。山地の沢沿いなどに生える落葉高木(→p.39, 145)。

春を告げる黄色い花

マンサク
Hamamelis japonica
〔**マンサク科**〕

4枚の細長い黄色いリボンのような花弁が特徴。ほのかな香りがある。雌雄同株。

キブシ　*Stachyurus praecox*〔**キブシ科**〕
種小名は「早咲きの」の意。

花序の長さは10cm前後のものが多いが、雌雄を問わず変異が多く、近くの雑木林で見かけたものは17～18cmもあった。

山里の雑木林に浅い春を告げるのは、マンサクやキブシ、そしてダンコウバイやアブラチャン。

なによりもまっさきに咲き出すのがマンサクだ。アブラチャンでさえまだ固い蕾の頃に、他に先がけて開花する。和名は「まず咲く」の転訛だという説も、なるほどという気がする。

キブシは明るい林縁部でよく見かける落葉低木。下垂する長い花序が特徴で、雌雄異株。すなわち、雄花だけが咲く個体と、雌花だけが咲く個体がある。

アブラチャンやダンコウバイも早春の雑木林に咲く花。展葉の前に開花する。アブラチャンは沢筋などに多く、ダンコウバイは山地の林縁部などに生える。楚々としたアブラチャンに較べ、黄色い花が密に咲くダンコウバイは華やかな雰囲気がある。

クロモジも前2者と同属だが、花期は少し遅く、葉の展開と同時に花が咲く。枝を折るとよい香りがし、楊枝の材料としてよく知られている。

アブラチャン
Lindera praecox
〔**クスノキ科**〕

ダンコウバイ
L. obtusiloba
〔**クスノキ科**〕

クロモジ
L. umbellata
〔**クスノキ科**〕

アブラチャン、ダンコウバイ、クロモジはいずれもクスノキ科クロモジ属の落葉低木。みな雌雄異株で花被片は6枚。花は小さいが面白い形をしているので、ルーペで覗いてみよう。

おしべは長いのが6本と短いのが3本。コブラの頭のような形をしていて、目玉にあたる部分が葯。缶詰の蓋を開けるようにして花粉を出す。短い3本のおしべの花糸に一対の蜜腺がある。

アブラチャンの枝は灰褐色、ダンコウバイはオリーブ褐色～赤褐色、クロモジは暗緑色。

ヤナギの仲間 I

ネコヤナギ *Salix gracilistyla*
川の中〜上流域の、礫の多い場所に生える落葉低木。早春の陽光に白銀の「ねこ」が輝く姿は、この季節の風物詩。

ネコヤナギやバッコヤナギなど、ヤナギ科ヤナギ亜科ヤナギ属の植物は、雌雄異株で虫媒花。白銀の綿毛に覆われた動物のしっぽのような尾状花序は、花びらのない小さな花の集合体で、雄株には雄花序だけが、雌株には雌花序だけがつく。種類は多いが、基本的な花の構造はみな共通で、へら状の小さな苞に、雄花の場合はおしべが、雌花にはめしべがついていて、ともにその基部に蜜腺がある。春早く咲く種類では、苞の表面に白色の長毛が発達する。おしべの数(花糸の本数)やめしべおよび蜜腺の形、苞の色や形に種ごとの特徴があらわれるが、雑種ができやすいので見分けが厄介だ。冬芽の芽鱗が1枚だけ、というのもヤナギ属の特徴である。他方、同じヤナギ科のヤマナラシ亜科は風媒花。こちらも雌雄異株で、枝先に垂れる長い尾状花序が特徴。冬芽を包む芽鱗は10枚ほどある。ポプラやギンドロ(ウラジロハコヤナギ)は、この仲間の外来種である。

ヤマナラシ *Populus tremura* var. *sieboldii*
ポプラの仲間の日本の在来種。若い幹や枝が白く、黒い菱形の皮目が樹齢とともに目立ってくる。葉身に近い部分の葉柄が左右に扁平で、風になびいてパタパタと軽快な音をたてるので「山鳴らし」。柳絮《りゅうじょ》の飛散は、新緑の季節の風物詩だ(→p.61)。

「当世さるやなぎ事情」

皆さんは「さるやなぎ」をごぞんじだろうか？　大方、知らないと答えるに違いない。実際、植物図鑑で調べても、この名は見当たらない。じつはこれ、バッコヤナギ(ヤマネコヤナギ)の別名なのだそうで、保育社の原色図鑑と、1920年代に出された『北海道主要樹木図譜』にその旨の記述がある。

一方、江戸時代の方言集『物類《ぶつるい》称《しよう》呼《こ》』には、「水楊(かわやなぎ)」の別名として「えのころやなぎ」と「さるやなぎ」の名が見える。

岩崎灌園の『本草図譜』の、ネコヤナギとおぼしき図に添えられた名には、「かわやなぎ」の他に「えのころやなぎ」「ころころやなぎ」「さるこやなぎ」が見えるが、「ねこやなぎ」の名はここにはない。いつどこで猫が登場して、猿を駆逐してしまったのだろう？　ともあれ、いつの間にか「さるやなぎ」は植物分類学の世界からは消滅してしまった。

ところが、この絶滅したかに見える「さるやなぎ」が、じつは現代まで細々と生き残っていた。独和辞典の中においてである。

ドイツ語でヤナギの仲間をWeideという。英語のwillowに相当する言葉だ。ヨーロッパにもさまざまなヤナギがある中に、Salweideと呼ばれる種類がある。あるとき、手元に置いて重宝しているデイリーコンサイスを引いてびっくりした。訳語に「さるやなぎ」とあるではないか。気になって、昭和初期の古いポケット版の独和を見たら、ここにも「さるやなぎ」とある。

当初、日本の古い呼び方としての「さるやなぎ」を知らずにいた僕は、てっきり、最初に独和辞典を編んだ人が、このSalweideの訳出にあたって、“Sal”を日本語の「猿」にひっかけて面白半分に名づけたのではないかと勘ぐったのだ。だがこれはとんだ早とちり。あやうく大恥をかくところだった。

もっとも、たいがいの独和辞典では「さるやなぎ」は消えつつあり、先のデイリーコンサイスでさえ、新版では「サリクス・カプレア(ヤナギ属)」と、たいそう厳密な記述にかわっている。この*Salix caprea*という種の英名は、goat willowだが、広い葉のヤナギの総称としてsallowという言葉がある。ことのついでにと思い、このsallowを長年使ってきた1960年代の2種類の英和辞典で引いてみると、「広葉のヤナギの仲間」とあるだけで、ここには「さるやなぎ」は登場しない。やっぱりこれは独和辞典の中で細々と生き残っていただけで、もはや絶滅も時間の問題……となるはずだった。

ところが、である。虫の知らせとでもいうのか、現行の英和辞典の記述が急に気になって、ある日、書店の英和辞典を片っ端から引いてみた。すると、あるわあるわ……。絶滅どころか大繁殖中で、気づいただけで10種類以上の辞典の中で生きている。以前は、「広葉のヤナギの仲間」と素っ気ない扱いだったものも、現行版では、「さるやなぎ」が現れているではないか！

植物分類学の世界では消えてしまった名前が、辞書の中で大繁殖というのは面白いが、実体を植物図鑑で調べられないという、チグハグな現実がここにある。

けれども、考えてみればこの「さるやなぎ」という呼び名、古くからの由緒ある名前でもあるし、Salweideの訳語として、語感もまた実体の上でも、これほどふさわしいものもあるまい。そう思うと急に愛着が湧いてきて、折にふれて使いたくなってきた。

ヤナギの仲間Ⅱ

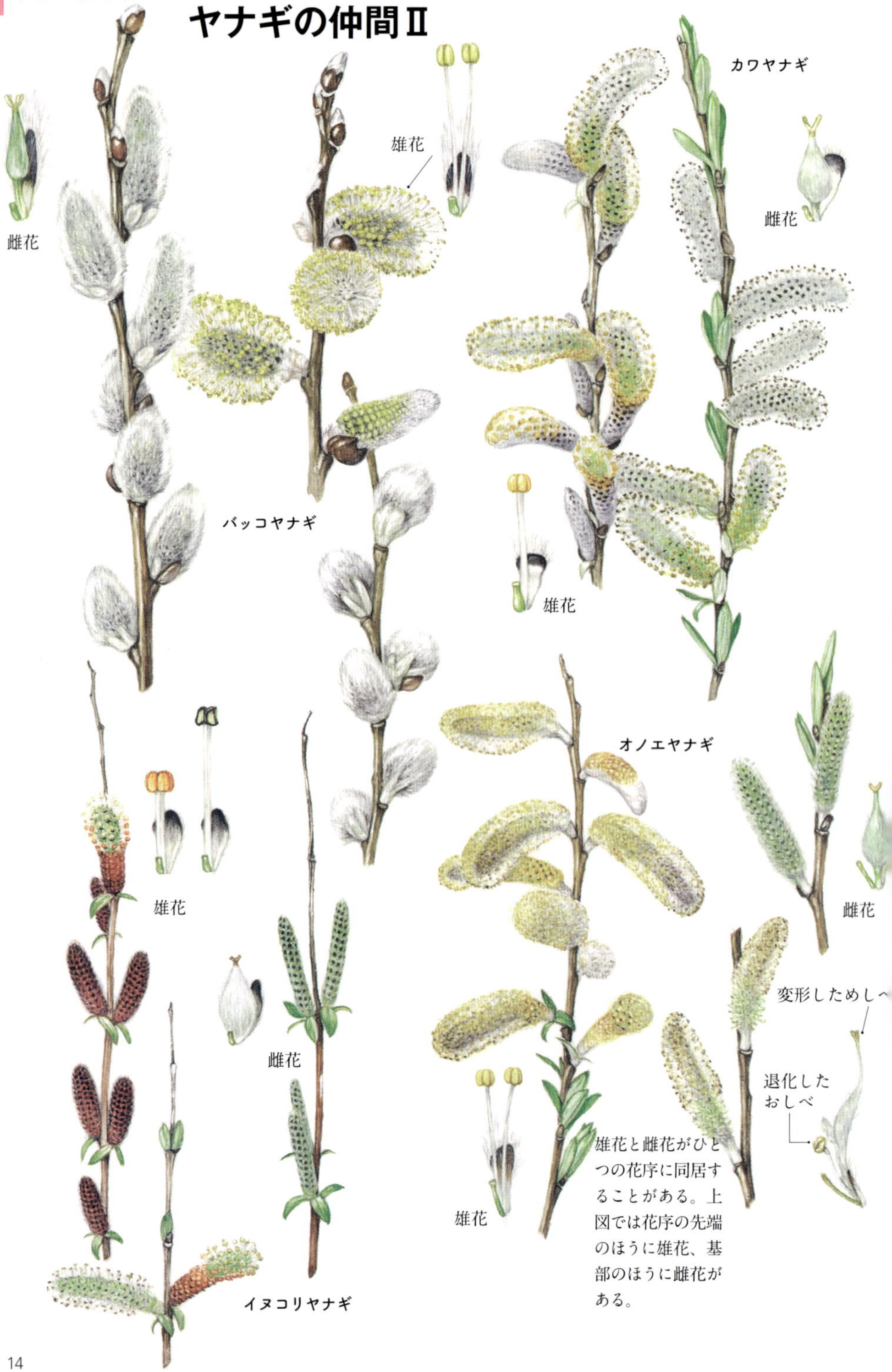

雄花と雌花がひとつの花序に同居することがある。上図では花序の先端のほうに雄花、基部のほうに雌花がある。

ヤナギの仲間の開花と展葉の時期

ネコヤナギやバッコヤナギの花はまさに春のきざし。見るからに暖かそうな長い綿毛は、防寒の役目を果たすのだろう。

蜜源になる花の少ない早春、葉の展開よりもひと足もふた足も早く、大きな花序がほころぶのでよく目立ち、冬の眠りから覚めたタテハチョウや小型のハナバチなど、さまざまな昆虫がやってくる。オノエヤナギやカワヤナギ、イヌコリヤナギも展葉に先立って開花する。他方、コゴメヤナギやシロヤナギ、街路樹としておなじみのシダレヤナギなどは、展葉と同時に開花するが、花序は小さく、目立たない。

雄花

コゴメヤナギ

シダレヤナギ

コゴメヤナギ *Salix serissifolia*

礫の多い河原に生え、高木になる。花はシダレヤナギのそれにそっくり。

シダレヤナギ *S. babylonica*

種小名は「バビロンの」の意味だが、中国原産。長く垂れる枝が優美な姿となるので、万葉の時代から街路樹として親しまれ、詩歌に詠まれてきた。

バッコヤナギ *S. bakko*

丘陵地から山地の、明るい斜面や崖などに生える。花序はネコヤナギと較べてまる味を帯びる。ヤマネコヤナギ(山猫柳)の別名もある。ネコヤナギの分布しない北海道では、バッコヤナギを「猫柳」と呼ぶことがある。

カワヤナギ *S. gilgiana*

河原に生える。若枝は灰褐色で、灰白色の軟毛が密生する。オノエヤナギに似ているが、苞の先はまる味を帯びて黒いことと、おしべの花糸が1本である点が異なる。

オノエヤナギ *S. sachalinensis*

平地から山地にかけて、河原や林縁などに生える。10mを超える大木になる。おしべの花糸は2本。花盛りの雄花序は黄色っぽく見える。稀に、ひとつの花序に雄花と雌花とが同居することがある。苞は上半部が暗褐色。

イヌコリヤナギ *S. integra*

河原などにごく普通にある落葉低木。葉は先のまるい楕円形で、枝に対生するのが何よりの特徴。裂開前のおしべの葯は赤く、よく目立つ。

コブシの仲間

コブシ *Magnolia praecocissima*
春を告げる花だ。大きな花被片が6枚、ごく小さな花被片が3枚。

漢方では、蕾を「辛夷《しんい》」と呼んで利用する。種小名は「とても早く咲く」の意。
花のすぐ下に葉が生じるのがコブシの特徴。タムシバにはこれがない。

コブシの仲間(モクレン科モクレン属)

コブシの仲間は花が大きくて美しく、また香りのよい種類も多いので、観賞用として植栽されることも多い。花被片はたいがい3の倍数。花の中央に、多数のめしべの集合体があり、それをとり囲んで多数のおしべがらせん状に配列する。冬芽を包みこんでいた芽鱗は托葉が変化したもの(→p.19)。

初夏の雑木林に咲くホオノキも、北米原産の常緑樹タイサンボクも同じモクレン属。この仲間の花は、それぞれ特有の香りがある。コブシの花をまるごとひとつふたつティーポットに入れてお湯を注ぐと、よい香りのコブシ・ティーになる。お試しあれ。

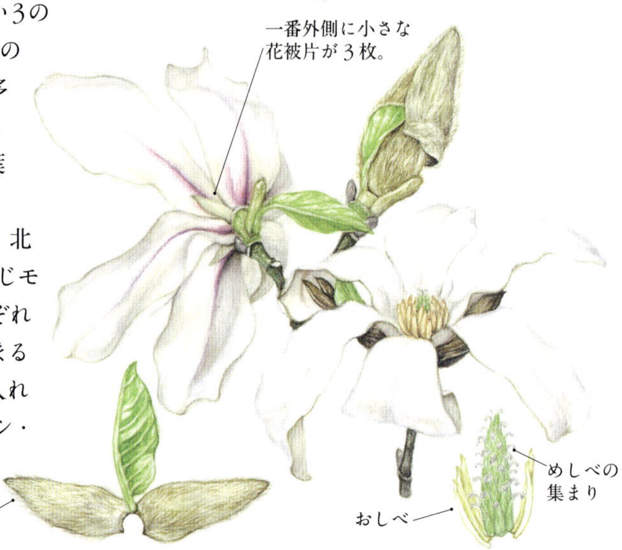
一番外側に小さな花被片が3枚。
めしべの集まり
おしべ
冬芽の芽鱗は托葉起源。

タムシバ
M. salicifolia

遠目にはコブシそっくりだが、一番外側の3枚の花被片が細長くて目立ち、花のすぐ下に葉がないのが相違点。コブシとは違った種類の芳香がある。葉は細長く、種小名は「ヤナギのような葉」の意。

シデコブシ *M. tomentosa*
シデコブシの本来の自生地は本州の東海地方。花被片は12～18枚。コブシとは異なった芳香がある。

ものしりコラム

ヒヨドリはシデコブシが好物

開花寸前のシデコブシの蕾がことごとく、上半部だけ無残に喰いちぎられているのをよく目にする。犯人はヒヨドリだ。タムシバやコブシも同様の被害にあうが、ハクモクレンは無傷のことが多い。

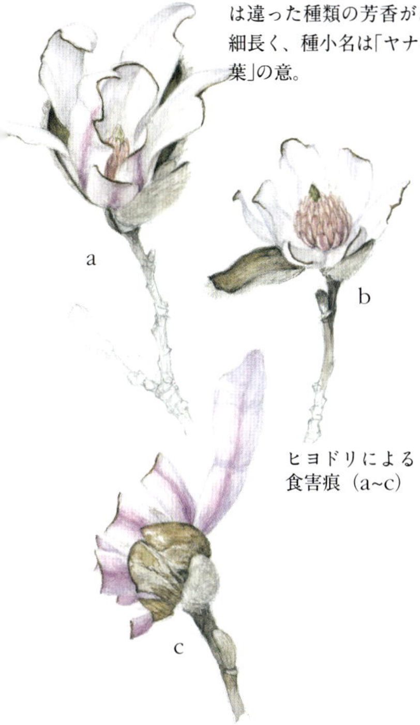

ヒヨドリによる
食害痕（a~c）

ハクモクレン
M. heptapeta

中国原産。花つきはよいが、結実はあまりよくない。
花被片９枚。

春が来た

カタクリやイチゲ、エンゴサクなどの、いわゆる早春植物は、夏緑林の樹冠が繁りきらないうちに、地上での生活を完結させてしまう。足元に咲くそれらの可憐な花々が咲き終わると、いよいよ樹木の芽吹きの季節だ。明るいオリーヴグリーンを帯びた銀白色にかすむコナラの樹冠など、遠くから見ていてもとてもきれいだし、そこにシデの仲間やウリカエデ、ヤマザクラなどの花や若葉が入り混じり、筆舌に尽くせぬ美しい光景をつくりだす。うるわしい春！

樹木の芽吹きの姿かたちは、それぞれに個性的で特徴的である。一人前の緑の葉になると、みんな似たような形に収斂してしまうので、紛らわしい上に面白味も乏しくなるが、若いうちは皆それぞれに、自己主張が強い。

樹木に親しむというなら、ぼくは断然この時期をおすすめする。はちきれんばかりに膨らんだこの芽から、いったい何事がおきるのだろう？　これからどんな物語が展開していくのかと、期待もまた膨らむ。成葉になると、形が安定するので、識別には便利だろうが、しかし物事ははじめから見ていくのが一番いいにきまっている。楽曲の途中から聴き出して、その音楽を楽しむ人はいないだろうから。

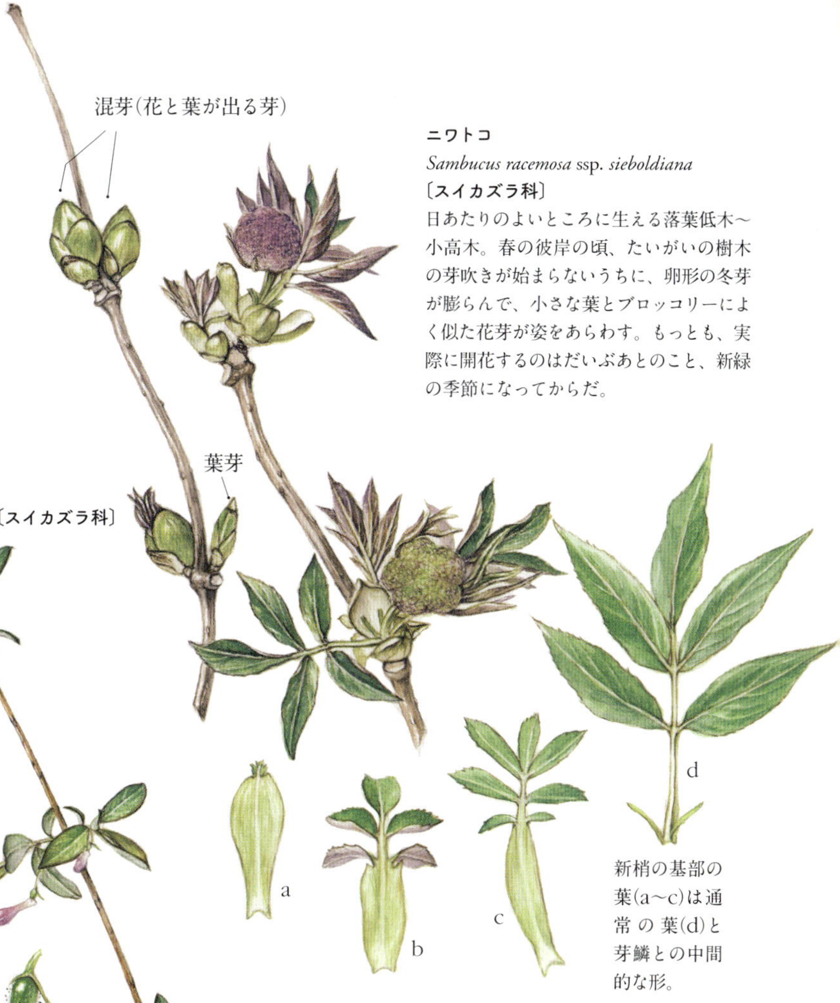

混芽(花と葉が出る芽)
葉芽
a
b
c
d

ニワトコ

Sambucus racemosa ssp. *sieboldiana*

〔スイカズラ科〕

日あたりのよいところに生える落葉低木〜小高木。春の彼岸の頃、たいがいの樹木の芽吹きが始まらないうちに、卵形の冬芽が膨らんで、小さな葉とブロッコリーによく似た花芽が姿をあらわす。もっとも、実際に開花するのはだいぶあとのこと、新緑の季節になってからだ。

新梢の基部の葉(a〜c)は通常の葉(d)と芽鱗との中間的な形。

ウグイスカグラ

Lonicera gracilipes〔**スイカズラ科**〕

花の断面
花冠の基部に小さな膨らみがある。

雑木林の林縁や林内に生える落葉低木。キブシやアブラチャンよりも少し遅れて、ウリカエデなどとともに開花する。たいがい対になってうつむいて咲く淡紅色の花がかわいらしい。

樹木は、春に伸長する枝葉のもとになる部分を冬の寒さから守るために、冬芽(休眠芽)という形で枝先で待機している。その外側を覆ういわば外套を芽鱗という。芽鱗は、本来の光合成器官としての機能を失った葉の変化したもの。コブシの芽鱗は葉の托葉という部分に、ニワトコでは葉柄に由来するという。

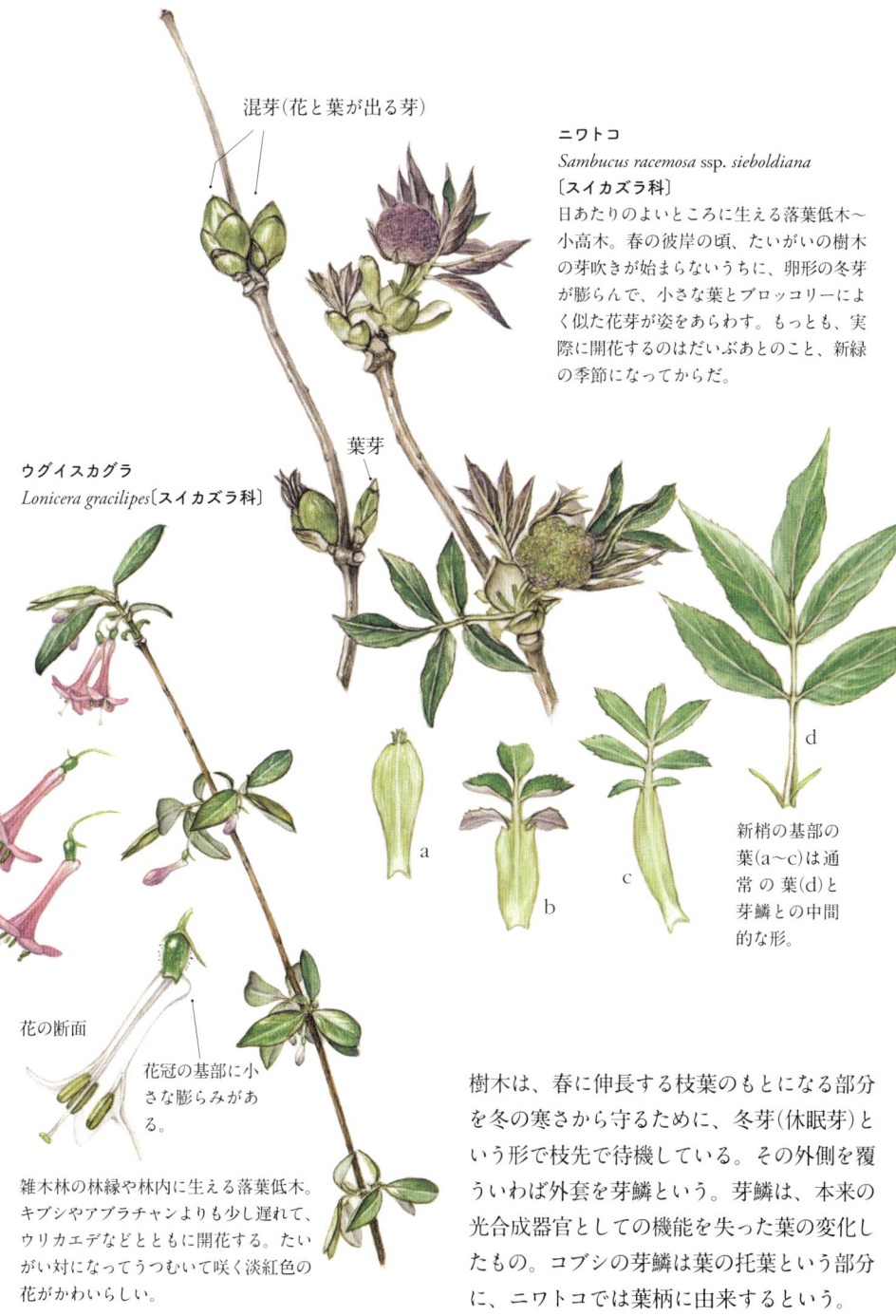

カバノキ科の樹木

雄花序
雌花序
雄花

ミズメ　*Betula grossa*

ほころびかけた雄花序
3.5～4mm
雄花
雌花序
雄花序
雌

ヤシャブシ　*Alnus firma*

山の斜面の崩壊地や伐採跡などに生える。春早く、バッコヤナギの花がそろそろ盛りを過ぎようかという頃、黄色い雄花の花序が大きく膨らんで花粉をまき散らす。雌花序は赤い棍棒状で直立する。冬芽や若葉にはニッキ飴の香りがある。

雌花序
雄花序

シラカバ
Betula platyphylla var. *japonica*

シラカバの仲間

高原の人気者のシラカバも、若葉が開き出す頃に、ちゃんと花が咲く。動物の尻尾のようなのは雄花序。雌花序は細い棒状で上を向く。ミズメもシラカバの仲間で、枝を折るとサリチル酸メチルの香気が漂う(→p.138)。

雑木林の主役とでもいうべき存在でありながら、とくに美しい花が咲くわけでもなく、おいしい果実がみのるわけでもないので、なんとなく馴染みの薄いのがカバノキ科の樹木。しかし、芽吹きの頃には、それぞれ特有の姿で春の森を装う。
みな風媒花で、長く垂れた雄花序が目立つ。

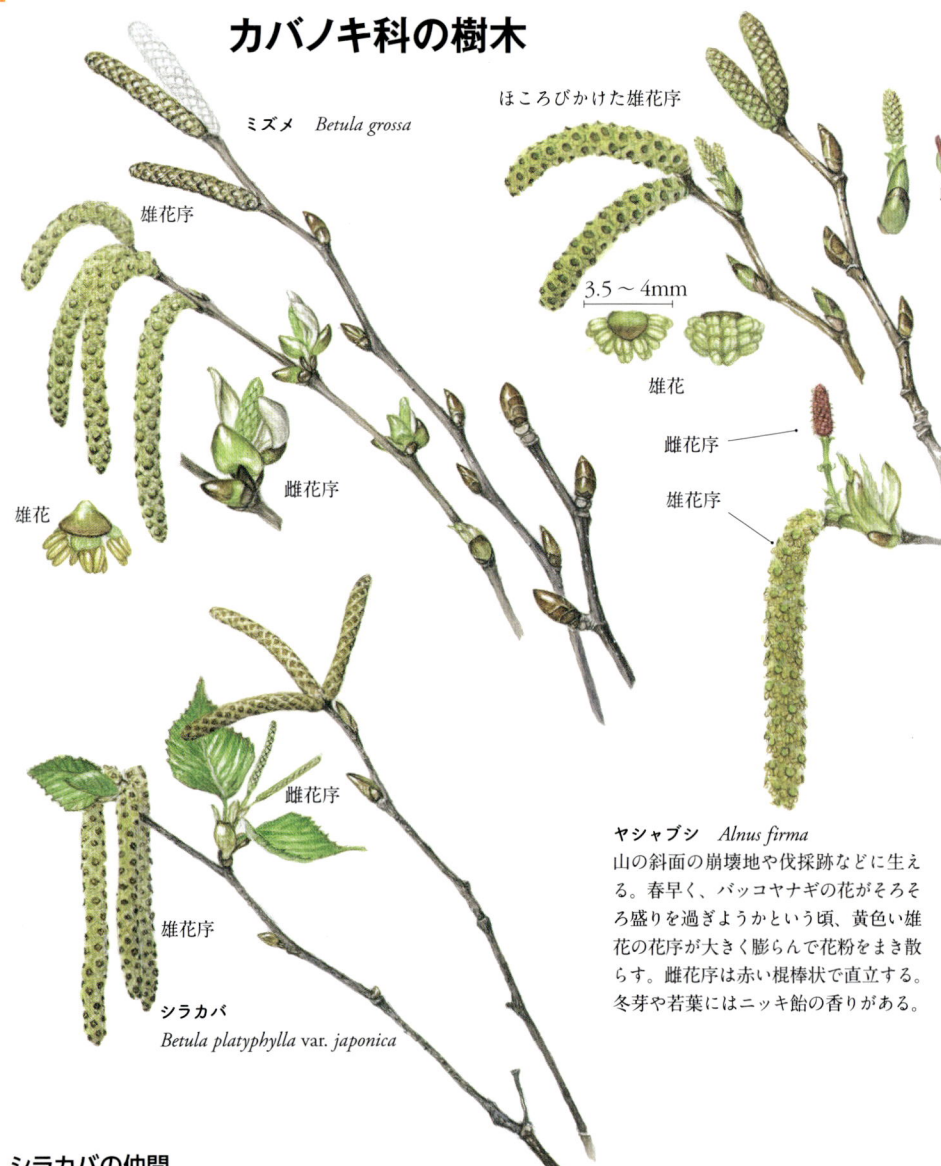

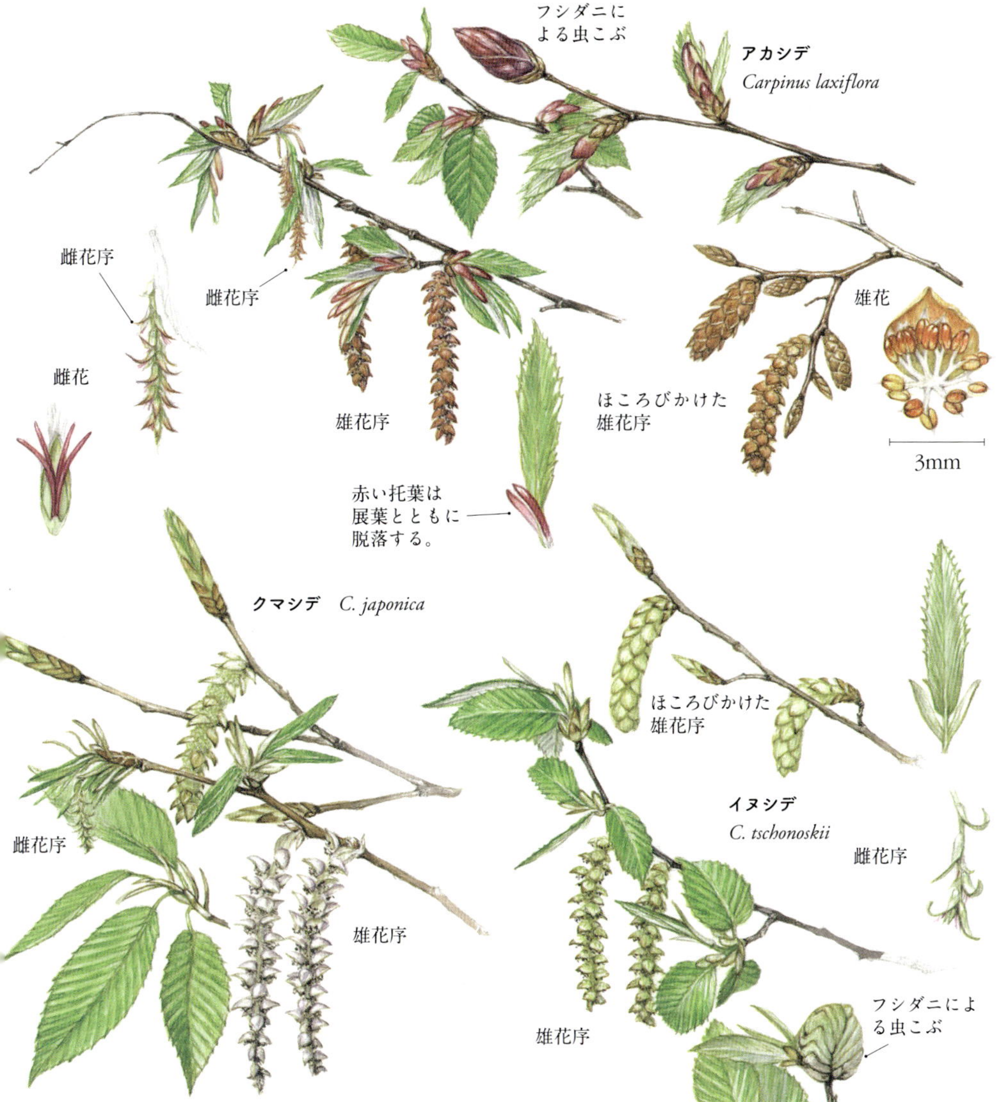

シデの仲間

シデの仲間は雑木林の主役。アカシデやイヌシデは平野部から丘陵部に多い。アカシデは冬芽の芽鱗が赤く、緑の若葉との対比が美しい。葉は小ぶりで、先が長く突出するのが特徴(→p.140)。
イヌシデはアカシデに似るが葉は卵形。クマシデは葉が細長く側脈が多い。大きな果穂は夏によく目立つ(→p.140)。
アカシデやイヌシデの枝先についている、異常に大きな「芽」は、じつは虫こぶ。フシダニの仲間によるものだそうである。

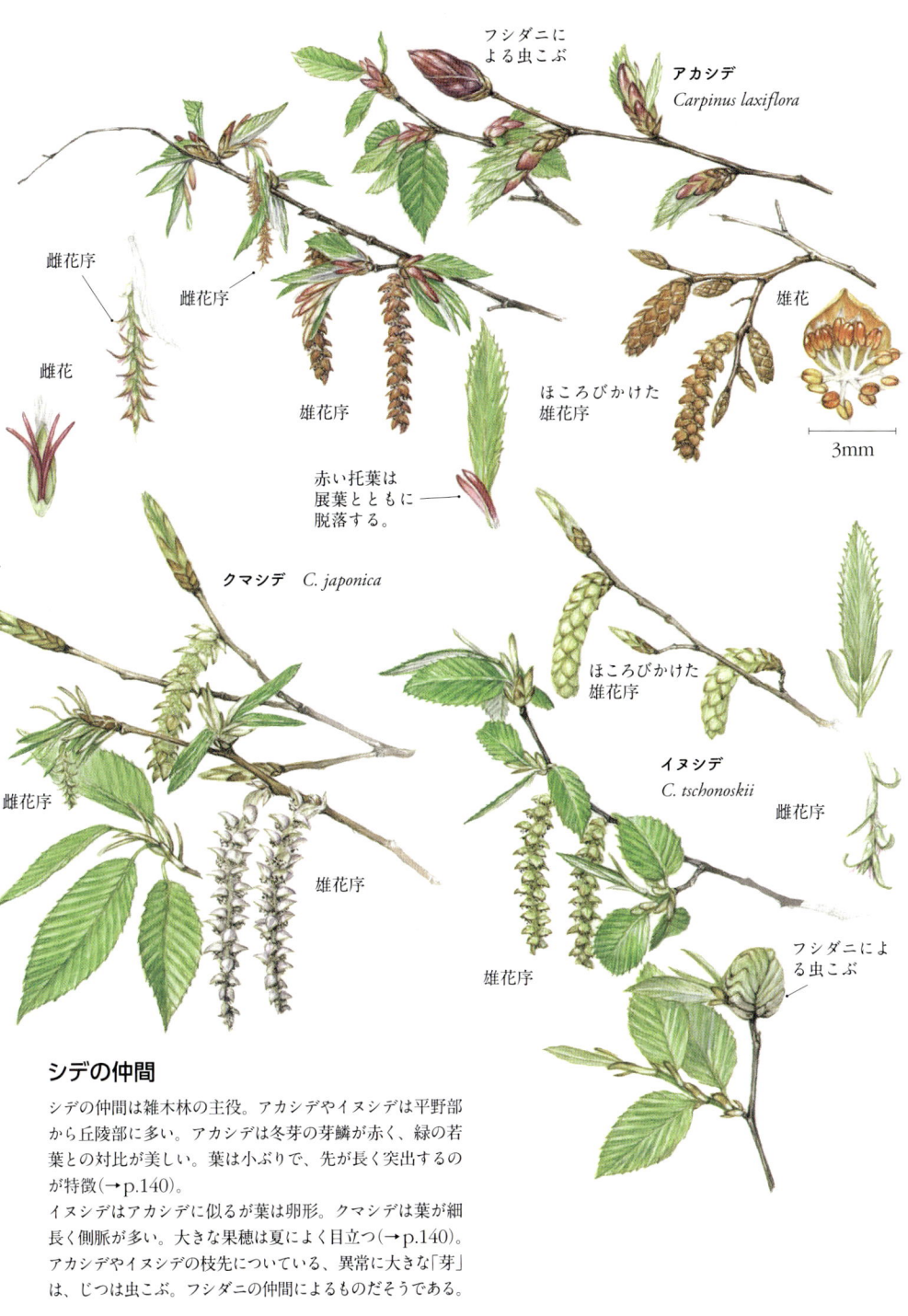

ブナ科の落葉樹の芽吹き

芽吹きの頃の雑木林が白銀にけぶったように見えるのは、柔らかなうぶ毛をまとったコナラの若葉のせいだ。

2
1
コナラ

3
4
5
雌花序
雄花序
雄花序
未熟なおしべ
雄花
おしべは4〜6本

花柱は３個
めしべ

コナラ *Quercus serrata*

雑木林の主役となる落葉高木。かつて薪炭林として定期的に伐採され、維持管理されてきたのが、コナラやクヌギを主体にした雑木林。ドングリは、開花した年の秋にみのる。

クヌギ *Q. acutissima*

乾いたところに多いコナラに較べると、川沿いのような、やや湿ったところに多いようだ。芽吹きの頃の葉は、雄花序ともども黄色味が強く、遠目にもコナラとの違いがよくわかる。ドングリは開花の翌年の秋に結実する。

カシワ *Q. dentata*

明るい環境を好み、海岸などに群落をつくる。北海道を列車で旅すると、長万部《おしやまんべ》から伊達紋別《だてもんべつ》にかけての噴火湾(内浦湾)沿いの海岸に、カシワ林を見ることができる。茶色く枯れた葉が、冬のあいだも枝から落ちずに残る。

ブナ *Fagus crenata*

ミズナラ(→p.146)とともに、冷温帯の夏緑林の構成種。若葉は光沢があって、展葉後ほどなく、葉は水平になる。果実の豊凶は、年ごとの変動が大きい。

イヌブナ *F. japonica*

ブナよりも標高の低いところに生え、日本海側の多雪地帯には少ない。若葉は光沢に乏しく、下垂したまま大きくなる。

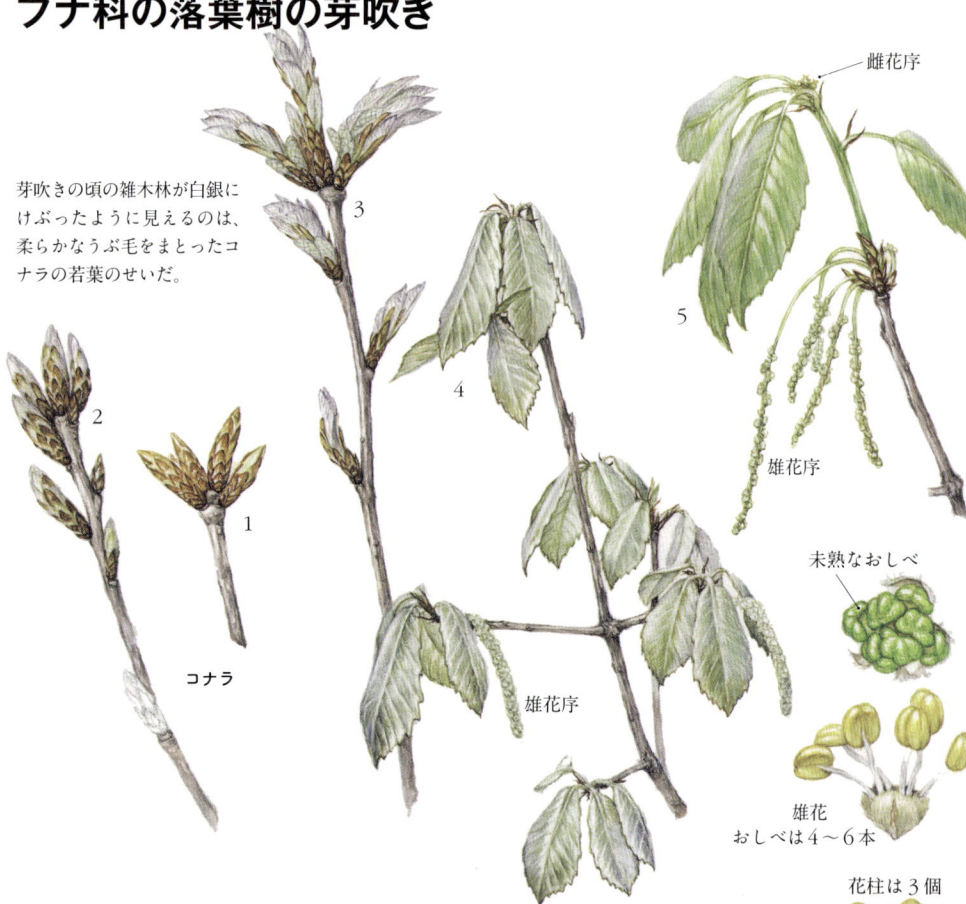

葉は細長く、鋸歯の先が鋭く突出する。ドングリは2年越しで結実するので、枝には、前年の春に咲いた花から生じたごく小さな未熟な果実が見つかるはずだ。

クヌギ

葉は柏餅に使われ、よく知られた存在だが、野生のものを見る機会はあんがい少ない。

カシワ

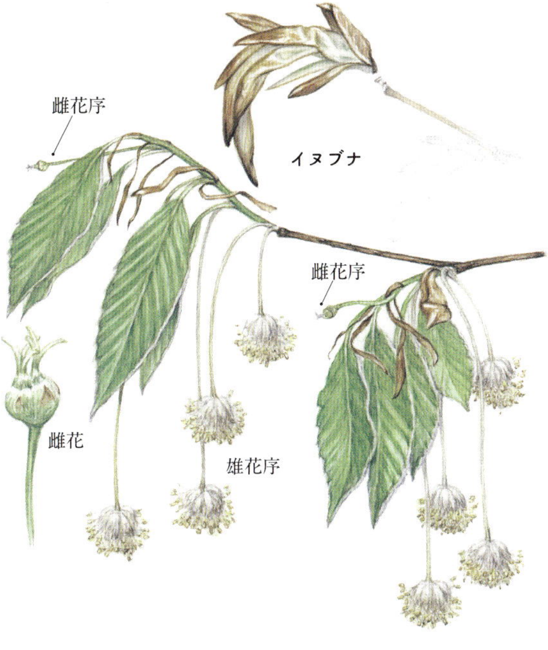

イヌブナ

ブナ

ブナとイヌブナ

ブナとイヌブナはよく似ているが、奥日光の中禅寺湖畔には、両者が混在するところがあるので、見較べてみると面白い。

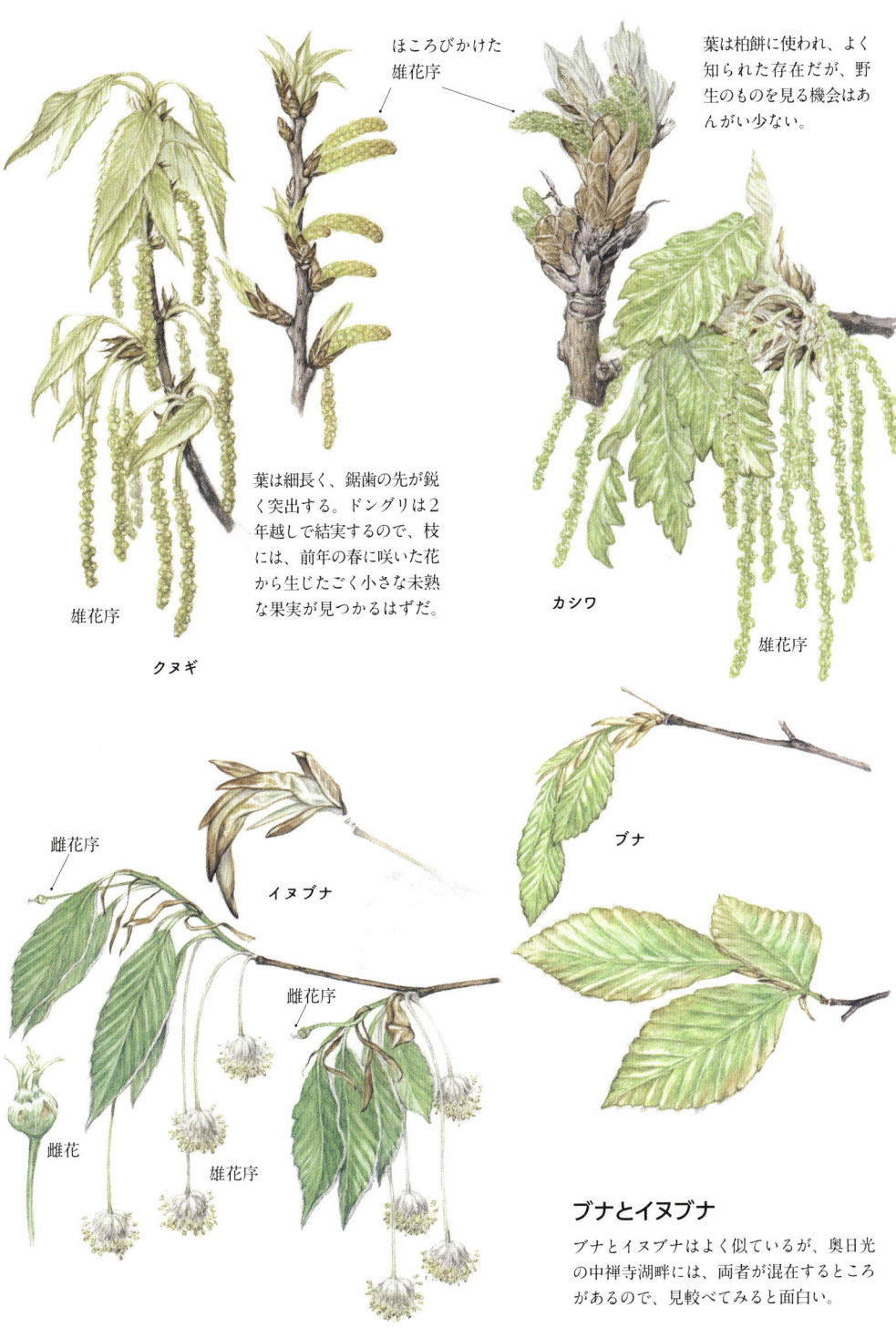

ケヤキやエノキ

ケヤキ
雄花
若枝の基部に雄花が、
上部の葉腋に雌花が
つく。
雌花
2.5mm

両性花は若い枝の上部の
葉腋につく。
雄花は若い枝の
基部につく。
エノキ
雄花
両性花

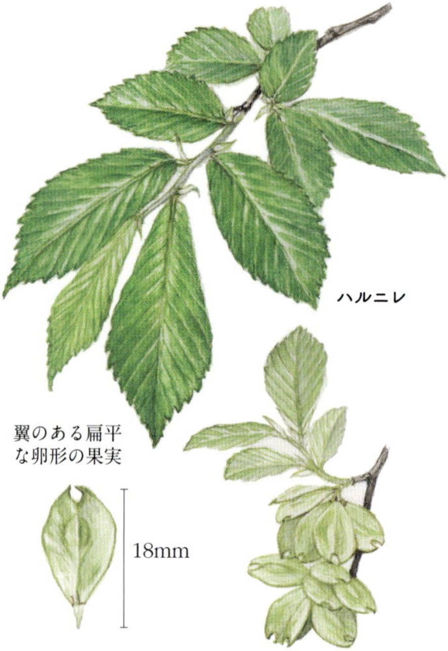
ハルニレ
翼のある扁平
な卵形の果実
18mm

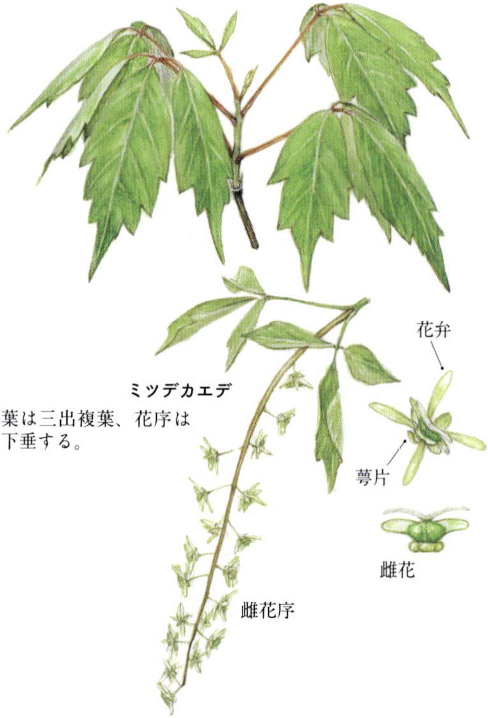
ミツデカエデ
葉は三出複葉、花序は
下垂する。
花弁
萼片
雌花
雌花序

ケヤキ　*Zelkova serrata*〔**ニレ科**〕

直立した樹幹の上方で枝が扇形にひろがり、箒を逆立てたような姿になるので、すぐにケヤキだなとわかる。幹は灰色で、へらでそぎ落としたような模様があらわれる。並木として各地に植えられているし、神社などには由緒ある名木、大木がある。若葉は繊細で美しいが、花は風媒花でいつ咲いたのかわからないくらいに目立たない。川沿いによく生え、その明るい林床には、いろいろな春の花が咲く。

エノキ　*Celtis sinensis*〔**ニレ科**〕

枝が大きくひろがり、全体としてたっぷりした緑蔭をつくる。一里塚に植えられたのは、それが旅人が憩うのに恰好だったからか。花はケヤキ同様、風媒花でごく小さい。

オオムラサキの食餌植物として知られているが、ゴマダラチョウやヒオドシチョウ、テングチョウもまた、この植物に依存していることを忘れるべきではない。

ハルニレ　*Ulmus davidiana* var. *japonica*〔**ニレ科**〕

樹形はちょっとケヤキに似ているが、樹皮は黒っぽくて縦に細い亀裂が入る。寒冷地の樹木で、軽井沢や奥日光あたりではよく見られる。北海道ではことに多く、英名の「エルム(elm)」で親しまれている。芽吹きの前に小さな花が咲き、展葉の頃には早くも結実する。西日本に多いアキニレは、秋に開花・結実する。

ミツデカエデ　*Acer cissifolium*〔**カエデ科**〕

カエデの仲間としては花は地味な部類だが、これでも立派な虫媒花。葉は三出複葉で、この点でもあまりカエデらしくない。谷筋などに生え、山地に多い。

かつて宇都宮の西方20kmほどのところに、美しい山里があった。小さな川に沿ってケヤキ林があり、春になれば、セツブンソウやレンプクソウ、キクザキイチゲ、ヤマエンゴサク、カタクリ、アマナ、キバナノアマナ、ニリンソウ、イチリンソウ……とつぎつぎに美しい花が咲いた。

ハルトラノオやフタバアオイやヤマルリソウもあった。ムカシトンボもいたし、キバネツノトンボも見られた。その美しい風景は、今はもうない。

(上南摩　26 Ⅲ 2006)

カエデの仲間Ⅰ

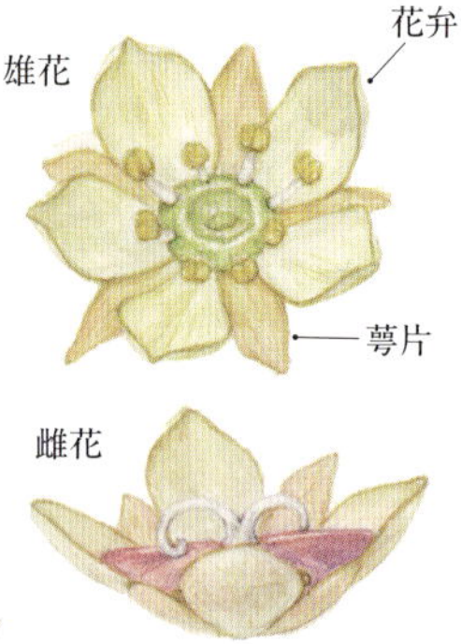

ウリカエデ *Acer crataegifolium*
関東の平野部の雑木林には、ごくありふれた樹木だが、芽吹きの美しさは絶品。膨らみかけた冬芽にしてからが、花かと見まごうほどの美しい薔薇色。淡黄色の花とともに展開する、光沢のあるオリーヴグリーンの若葉は瑞々しい。
雌雄異株で、性転換をすることが知られている。ある年、前年の果実が残っている木に咲いている花を見たら、みんな雄花だったのでびっくりしたことがある。

カエデの仲間の花と芽吹き

「かへでの木のささやかなるに、もえいでたる葉末のあかみて、おなじかたにひろごりたる、葉のさま、花も、いと物はかなげに、蟲などの乾れたるに似て、をかし。」

(『枕草子』第40段)

「卯月ばかりの若楓、すべて、万の花・紅葉にもまさりてめでたきものなり。」

(『徒然草』第139段)

カエデの仲間(カエデ科カエデ属)はみな虫媒花。ひとつひとつは小さいが、色や形は多様で、芽吹いたばかりの若葉とともに、森の春の彩りには欠かせない。カエデの芽吹きの美しさをひき立てているのは、芽吹きと同時に伸長してくる冬芽の芽鱗の多彩さにある。イタヤカエデは金色、ウリカエデは薔薇色、オオモミジは深紅……。それらが花や若葉の色と調和し、対比されて、類い稀な美しさを演出することになる。それらは、一度は見ておかねば大損だといいたいくらいだし、芽吹きにこそ固有の特徴がよく見てとれる種類も少なくない。

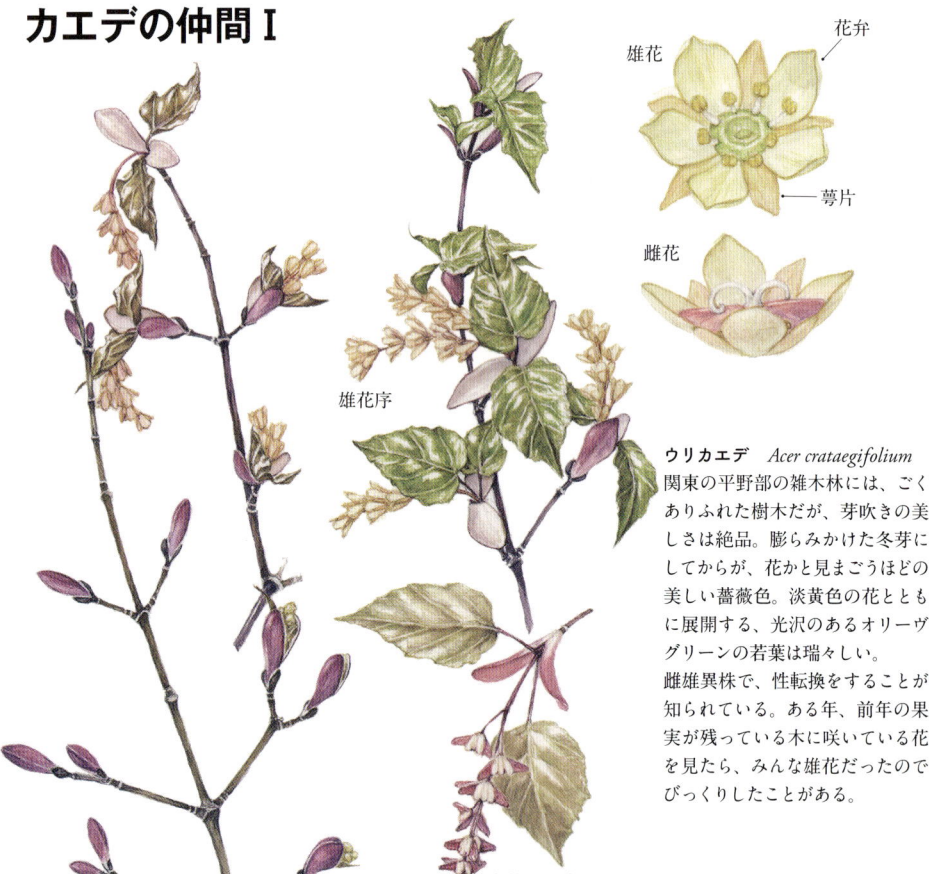

イタヤカエデ *Acer mono*

春早く、展葉に先立って、黄色～黄緑色の花が房状に密集して咲き、遠くからでもよく目立つ。葉は赤味を帯びたものもあり、変異が多い(→p.143)。

雄花

おしべは8本。花弁と萼片はそれぞれ5枚。

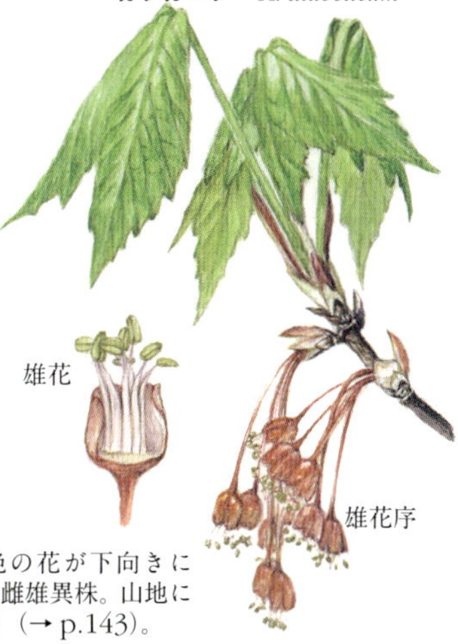

カジカエデ *A. diabolicum*

雄花

雄花序

鮮紅色の花が下向きに咲く。雌雄異株。山地に生える（→ p.143)。

ウリハダカエデ *A. rufinerve*

冬芽の一番外側の芽鱗は暗赤褐色、その内側の明るいベージュの芽鱗が大きく伸びて、その先から若葉と花序が現れる。伐採跡地などにもよく生える。雌雄異株。

おしべは8本。花弁、萼片それぞれ5枚。

雄花

7 ～ 8mm

雄花

アサノハカエデ

A. argutum

深いしわ状の脈が麻の葉を思わせる。芽ぶきの早いカエデだ。雌雄異株。山地に多い。

前年の果序の軸が、春先まで残る。

カエデの仲間Ⅱ

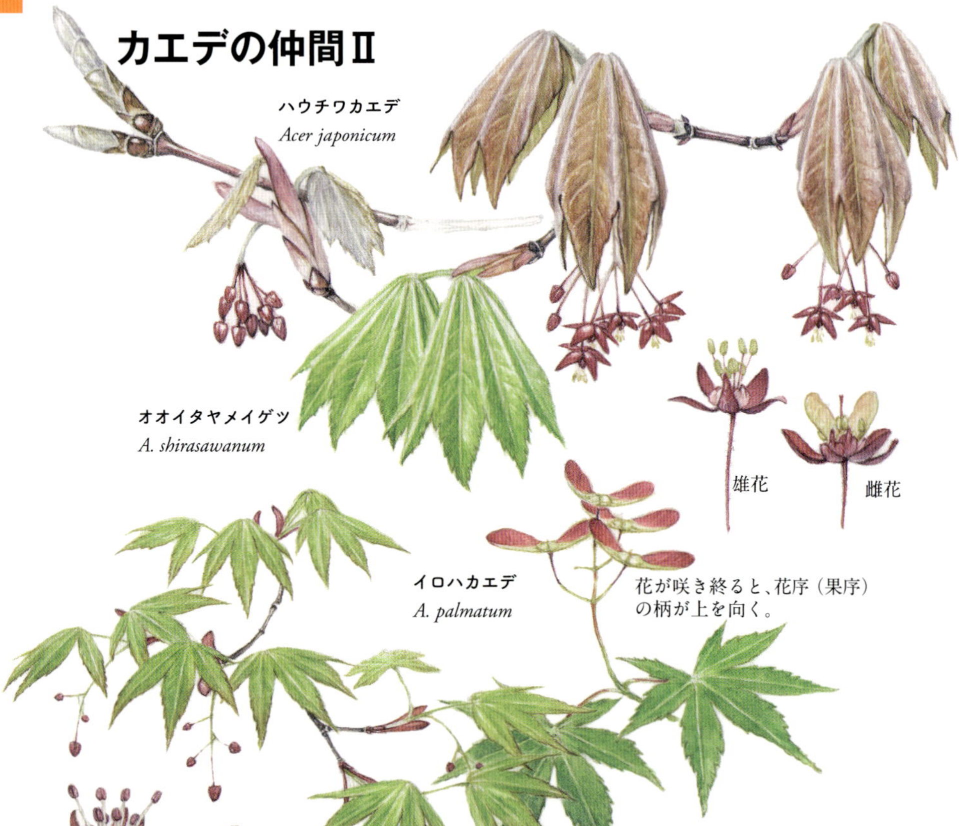
ハウチワカエデ
Acer japonicum
オオイタヤメイゲツ
A. shirasawanum
雄花
雌花
イロハカエデ
A. palmatum
花が咲き終ると、花序（果序）の柄が上を向く。

雄花
雌花
オオモミジ
A. amoenum
花序（果序）は下を向いたまま。

芽吹きの季節の山道を歩くと、ハウチワカエデの、白いうぶ毛に覆われた赤味を帯びた若葉と、鮮やかな深紅の花とが目につく。これとよく似たオオイタヤメイゲツの葉は黄緑色で、葉柄には毛がない（→p.143）。

イロハカエデは各地に植栽され、数あるカエデの中でも一番馴染み深い。黄緑色の小さな若葉と、これまた小さな赤い線香花火のような花が可愛らしい。花後、若い果序は上を向く。

オオモミジはイロハカエデに似ているが、全体に大きく、果実は下垂したまま成熟していくのが特徴。

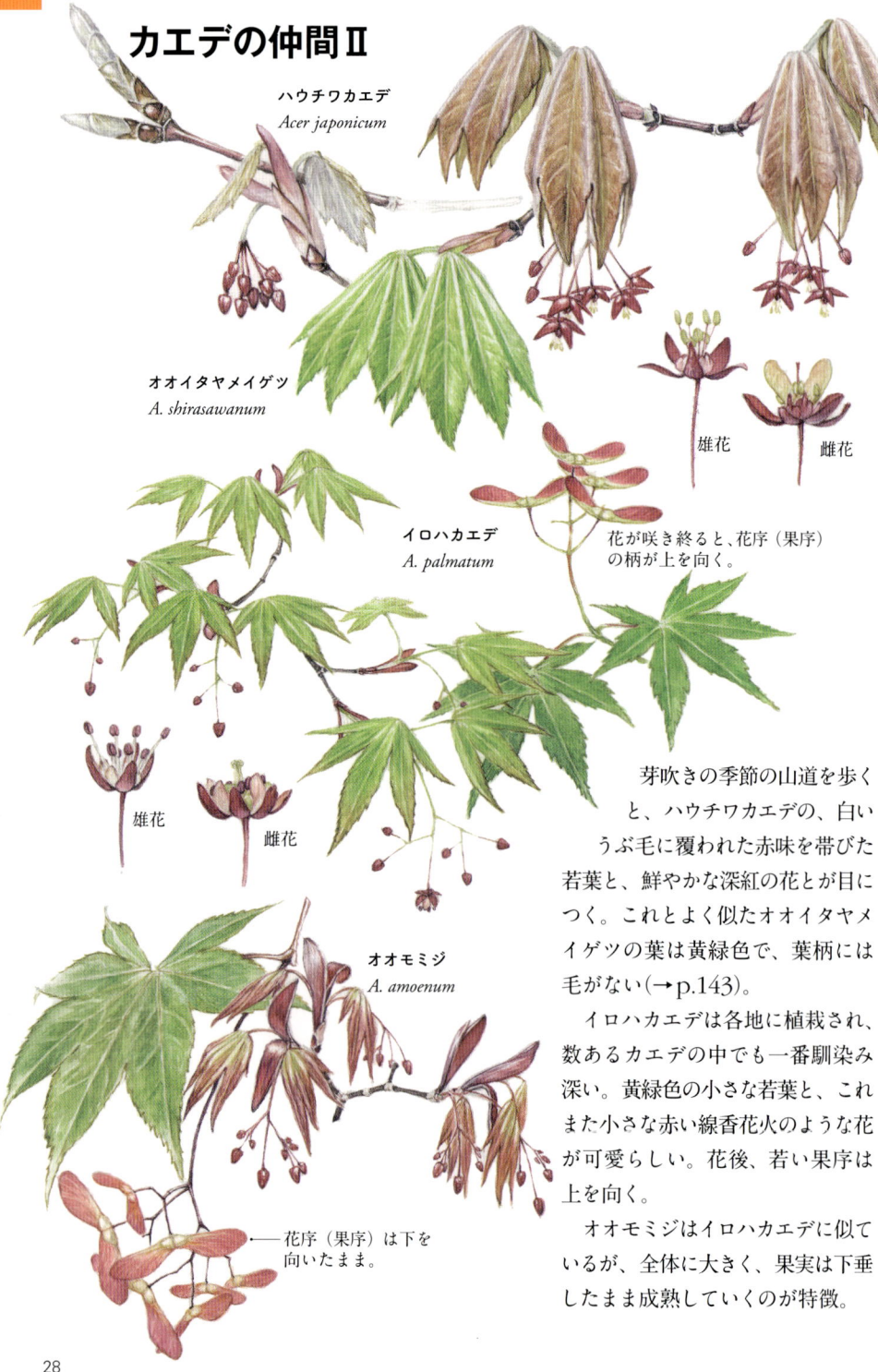

ヒトツバカエデ　*A. distylum*

シナノキの葉に似ているといわれるハート形の葉の表面は、灰白褐色の絹状毛で被われ、淡い灰緑色やベージュに鈍く輝き、独特の趣があって識別しやすい。花期は遅い(→p.81)。
シナノキはといえば、芽吹きの頃の若葉は透明感のある明るい黄緑色で、両者を見間違うことはない。
カエデの仲間の葉が対生であるのに対してシナノキは互生。光沢のある2枚の芽鱗に包まれた卵形の冬芽もシナノキの特徴。

シナノキ
Tilia japonica〔**シナノキ科**〕

雄花
雄花序
冬越しした葉は葉柄がちぎれて落葉する。
雄花序

チドリノキ　*A. carpinifolium*

山地の沢筋などに多い。花自体は華やかさはないが、芽吹きの美しさの点では比類がない。一見するとまるでカエデらしくない葉(→p.142)は、秋に黄色く色づき、若い木では、枯れ葉が冬のあいだも枝先に残り、春先に葉柄の途中でちぎれて落ちる。雌雄異株。

サクラの季節 I

バラ科サクラ属*Cerasus*の野生種は日本には10種ほどだが、それぞれの種内の変異もあり、さらに種間の雑種もあって、そこから導き出された園芸品種も多い。

ウワミズザクラやイヌザクラなど、長い総状の花序になるものは、ウワミズザクラ属*Padus*として独立させることがある。ここではそれに従った。

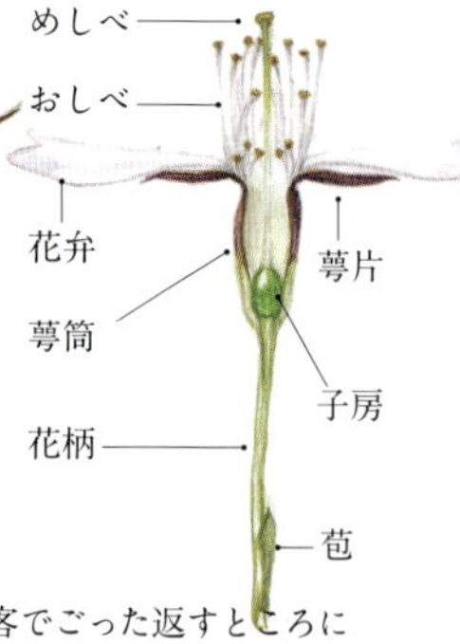

ヤマザクラ　*Cerasus jamasakura*
関東から西日本に多い。雑木林で一番普通に見かける野生種。葉の展開と同時に、白〜淡紅色の花が咲く。若葉はあめ色だったり、赤紫色味が強かったりと変異が多く、それぞれに美しい。

雑踏が苦手なので、見物客でごった返すところにまでわざわざ桜を見に出かけようとは思わない。だからといって、花盛りの桜に心惹かれないというのでは、もちろん、全然ない。
もう四半世紀も前に北大植物園で見た光景は、今も忘れられないでいる。それは、5月上旬の晴れた——小さな雲くらいはあったような気がするが——穏やかな日の昼頃。探鳥会だったか何か、観察会のひけた直後だったと思う。花盛りのエゾヤマザクラの枝を風が揺らし、宙に舞った夥しい淡紅色の花びらが、樹下の、澄んだ浅い水面に——池であったのか、それとも小さな流れだったか——、ひらひらと落ちてきて、水の底に、きらきらしたまるい影を曳きながらすべって行く。しばらくそれに見とれていたことがあった。

春の日の　うららにさしてゆく舟は
棹の滴に花ぞちりける
（風葉和歌集　巻二）

源氏物語の中の歌だそうである。近代日本の屈指の名歌曲『花』。作詞者武島羽衣は、この歌に着想を得て、あの歌詞を書いたのであろう。

カスミザクラ

C. verecunda

ヤマザクラよりも少し標高の高いところに生える。ヤマザクラに似ているが花柄や花序の柄、葉柄に毛が多いのが特徴。もっとも、ほとんど無毛のものもあって厄介だ。葉の裏面に光沢があるのも特徴。

オオヤマザクラ　*C. sargentii*

ヤマザクラとは逆に、寒冷地に多い。ヤマザクラの分布しない北海道では、野生のサクラの代表的存在。エゾヤマザクラとも呼ばれる。花は淡紅色で、かなり色の濃いものもあり、ヤマザクラに較べるとずっとあでやかな印象がある。

展葉と同時に花が咲き、花序の柄は短い。芽鱗が粘るのが特徴。奥日光あたりでは5月上旬～中旬頃が花の見頃。札幌では、5月の連休明けの頃に、花が咲く。

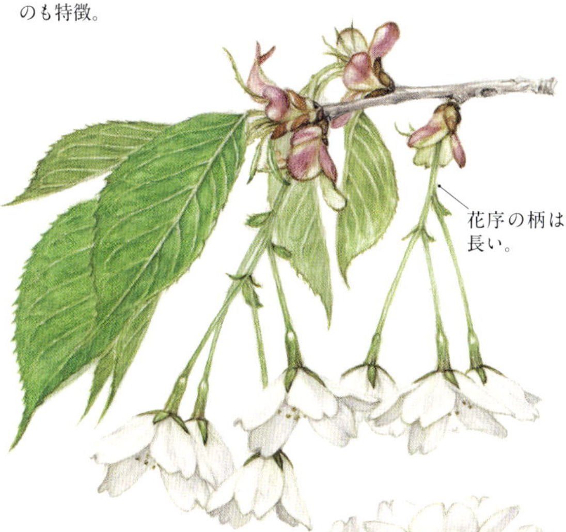

オオシマザクラ　*C. speciosa*

本来の自生地は伊豆諸島なのだそうだが、各地に植栽され、また野生化しているものも多い。

大ぶりの白い花はクマリンの香りを放つ。要するに桜餅の香り。花柄も花序の柄も長く、下垂して咲く。緑色の若葉と白い花との対比が美しい。塩漬けにした葉は、桜餅を包むのに使われる。黒熟した果実は渋みがなく、果実酒にすると楽しめる（→p.120）。

サクラの季節Ⅱ

チョウジザクラ
C. apetala var. *apetala*

花の形が「丁字」すなわちクローヴに似ている。

山地の沢沿いなどに多く、小さな白い花が展葉と同時に咲く。全体に腺毛が多く、粘る。

エドヒガン
Cerasus spachiana f. *ascendens*
山地に生えるというが、本来の自生そのものを目にする機会は多くない。そのかわり、各地に植栽されていて、寿命が長いために、古木、名木が多い。
花期はソメイヨシノよりも早く、葉の展開前に白～淡紅色の花が咲く。萼筒の基部が壺形にまるく膨らむのが特徴。

ハナイシザクラ
日光植物園には、所在地の花石町に因んだハナイシザクラと呼ばれるものがある。「カスミザクラとチョウジザクラとの自然雑種」という札がついているが、最近では、ヤマザクラとチョウジザクラの雑種と見られている。

台湾から中国南部に自生するのだそうで、沖縄のサクラとしてよく知られている。
寒さにはめっぽう強いとみえて、北関東の内陸平野部でもちゃんと花を咲かせる。「寒緋桜」。
萼片は緋色、花冠は濃い薔薇色で、半開きのままうつむいて咲き、花弁はばらけずに落ちる。
かつて、辻井達一先生に同行して沖縄に取材に出かけた折、今《な》帰《き》仁《じん》城趾で花盛りのカンヒザクラを見た。一月末のこと、小雨まじりの天気で、沖縄はこんなに寒いところなのかと思った。

カンヒザクラ
C. campanulata
鳥媒花で、花には甘い蜜がたっぷりあり、メジロやヒヨドリが好んで吸蜜にやってくる。

ソメイヨシノ
C. yedoensis

数あるサクラの園芸品種の中の代表的存在。エドヒガンとオオシマザクラとの交雑種とされ、幕末から明治の初め頃に登場した品種。葉の展開に先行して白～淡紅色の花が咲く。各地に植栽されていて、一番なじみ深いサクラだが、ほとんど結実しない。

イトザクラ　*C. spachiana* f. *spachiana*
エドヒガンの枝垂れ型の品種。一般にシダレザクラと呼ばれている。優美な姿ゆえに各地に植栽され、それぞれの土地のシンボルというべき、樹齢何百年という古木、名木がたくさんある。花や葉の特徴はエドヒガンと同じ。

カンザン　*C. lannesiana* cv. *Sekiyama*
八重咲きの品種の中の代表的なもので、単にヤエザクラといえば、これを指すことが多い。ボリューム感たっぷりの紅色の花は、いかにも豪華だ。花期は遅く、ソメイヨシノがすっかり葉桜になる頃に、花の盛りを迎える。花を塩漬けにして利用する。「関山」。

バラ科の灌木の花

めしべ
おしべ

モミジイチゴ
Rubus palmatus

雑木林の樹木が芽吹き出す頃に、明るい林縁部で白い大きな花を下向きに咲かせる。林立するおしべの「柵」に囲まれて、穂先のすりきれた筆のような形のめしべの束がある。そのひとつひとつの根元にある子房が、将来、キイチゴの「実」の粒のひとつひとつになる。

蕾
花後、萼片が閉じる。

ニガイチゴ
R. microphyllus

明るい林縁や伐採跡などに普通に生える。花は上向き～横向き。花弁は細長く、時間の経過とともに、基部は赤みを帯びる。花後に萼片が閉じて、それに護られて果実が熟す(→p.117)。

クサイチゴ *R. hirsutus*

ヤマザクラの咲く頃に、白い大きな花が上向きに咲き、美しい。背丈はせいぜい30～50cmで、一見、草本のように見える。
照葉樹林帯が主な生育地。冬のあいだも葉が残る。枝には小さな棘の他に腺毛が多数ある。

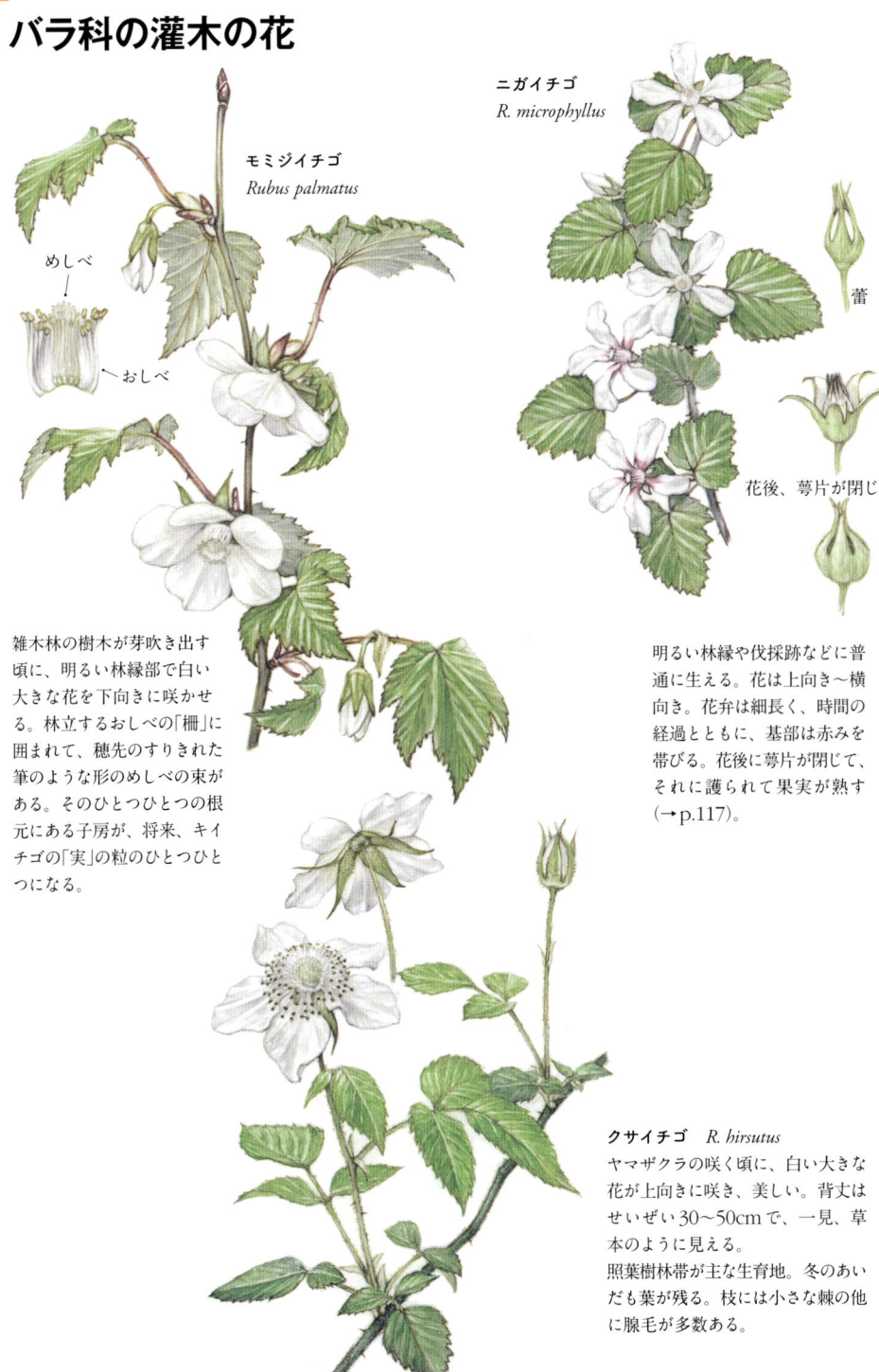

ヤマブキ　*Kerria japonica*
渓流沿いなどに群生する落葉低木。新緑の季節に大きな黄色い花が一面に咲くさまは美しく、古来、詩歌に詠まれ親しまれてきた。多数のおしべが花弁状になった八重咲きのものは不稔。普通の、一重咲きのものはちゃんと結実する。

雄花　両性花

クサボケ　*Chaenomeles japonica*
川の土堤の、陽あたりのよい草むらなどに生える落葉低木。朱赤色の花には雄花と両性花とがある。小枝が変化した棘が、まばらにある。「シドミ」ともいい、未熟な果実は、果実酒にすると美味。

シロヤマブキ　*Rhodotypos scandens*
ヤマブキに似るが花弁は4枚、葉は対生する。白い大きな花が美しいので観賞用に植栽されるが、本来の自生地はごく限られるそうだ。

ユキヤナギ　*Spiraea thunbergii*
川岸の岩場などに生えるが、植栽されたものを見ることのほうが多い。細く伸びた枝に純白の花をびっしりつけるので「雪柳」というが、もちろんヤナギの仲間ではない。

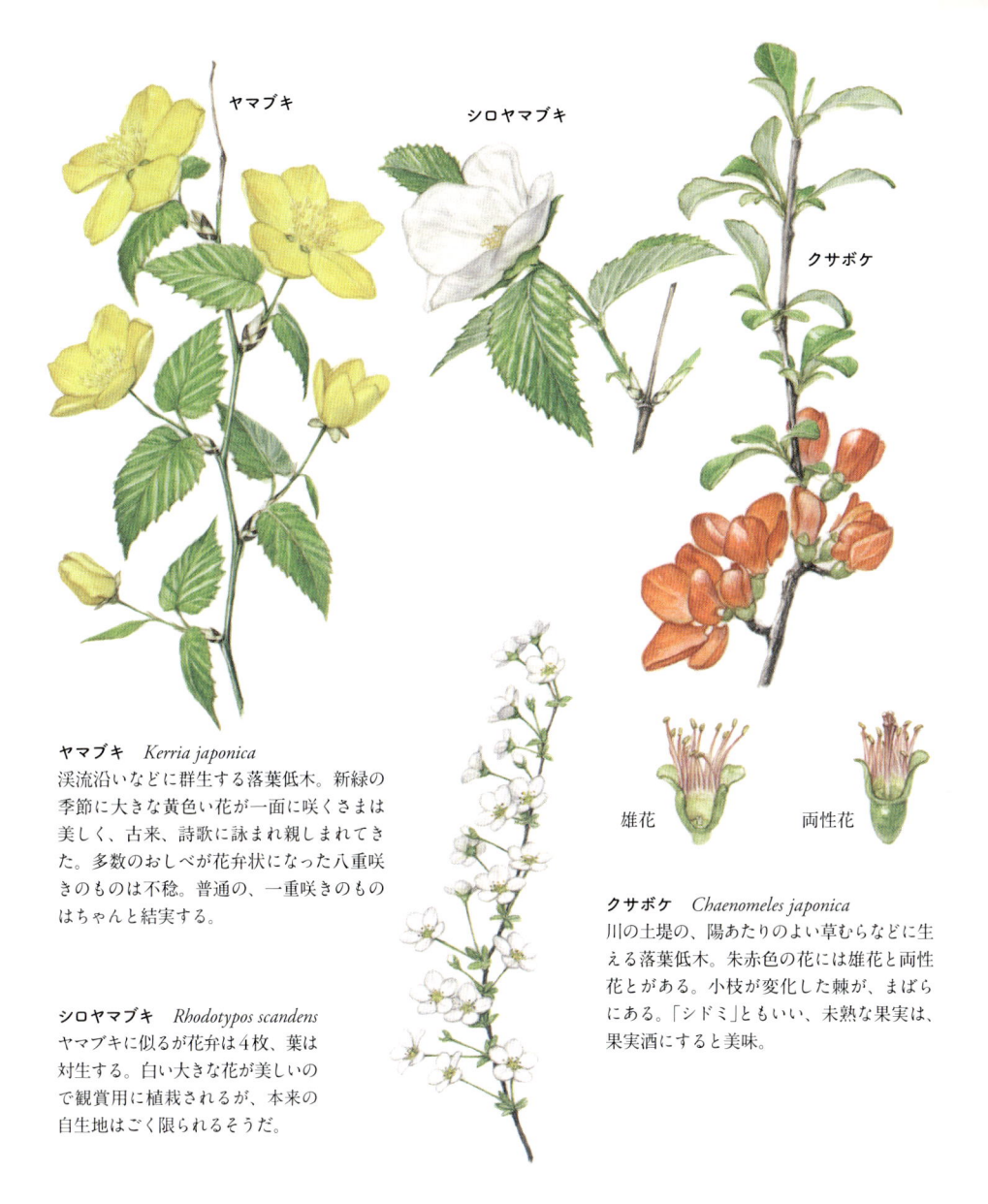

個性豊かなこの形

マルバアオダモ
アワブキ
若葉の裏には
黄褐色の毛が
密生する。
ハクウンボク
イヌエンジュ
アカメガシワ
ツクバネ
フジ

樹木の芽吹きの多様さは、春の自然観察を一段と楽しいものにしてくれる。これから何事が起こるのだろう？　そういう期待感を抱かせる、ユニークな姿形。成葉になると、ありきたり——といっては何だが、目立った特徴に乏しいものになることが多いのに、そこにいたる初期の段階にこそ、それぞれの種に固有の特徴が現れて面白いのである。

マルバアオダモ　*Fraxinus sieboldiana*〔**モクセイ科**〕
黄緑色をした若い枝葉が、刻々と姿を変えながら、形を整えていく。

アワブキ　*Meliosma myriantha*〔**アワブキ科**〕
葉の表を内側にして二つ折りになった若葉は、はじめは直立し、やがて下垂して開いていく。

ハクウンボク　*Styrax obassia*〔**エゴノキ科**〕
春先、若い枝の皮が帯状にはがれる。逆光に透かしてみると、鮮やかな赤い色で美しい。

ツクバネ　*Buckleya lanceolata*〔**ビャクダン科**〕
茶色い冬芽がほころぶにつれ、茶色と緑の市松模様になる。

イヌエンジュ　*Maackia amurensis*〔**マメ科**〕
若葉の表面はベルベット様の毛で被われ、白銀に輝いて美しい。

フジ　*Wistaria floribunda*〔**マメ科**〕
銀色のうぶ毛をまとって身を屈めていた若葉が、背伸びをしながら開いていく。

アカメガシワ　*Mallotus japonicus*〔**トウダイグサ科**〕
若葉の表面はフェルト様の赤い毛で被われている。指でこすると、表面の毛は容易にはがれ落ち、その下に本来の緑色の面が見えてくる。

オオカメノキ　*Viburnum furcatum*
〔**スイカズラ科**〕
平地ではフジの花が終わり、ニセアカシアが盛りを迎える頃、標高が1000mほどの山ではやっと芽吹きの季節になったばかり。新緑にはまだ少し間がある明るい夏緑林の林縁に、アジサイに似た形の白い花を咲かせているのはオオカメノキである。白い装飾花がある点はアジサイに似ているが、いわば他人の空似で、ヤブデマリ(→p.78)やカンボク(→p.78)と同じ仲間のスイカズラ科の灌木。芽吹きの形も花の姿も印象的で、一度見たら忘れられないだろう。北海道では平地でも普通に見られる。和名は葉の形が亀の甲羅に似ているから、という説があるが真偽不詳。

早春の花、その後

花が散ってしまえば、サクラであれフジであれ、人は見向きもしなくなる。だがしかし、野生の植物は人さまのために生きているわけではない。これから結実までがいよいよ本番。

アブラチャン

子房が膨らんできた雌花
キブシ

マンサク

花後のめしべ
フサザクラ

ヤマハンノキ

花が散ったあとのめしべ
コブシ

イヌコリヤナギ

アブラチャン　*Lindera praecox*〔**クスノキ科**〕

沢沿い、川筋などに生える落葉低木だが、時に5～6mの高さになることもある。鮮やかな緑の葉と赤い葉柄とが目立つ。葉には独特の香りがある。

キブシ　*Stachyurus praecox*〔**キブシ科**〕

海岸近くから内陸の山地まで、広く分布する。とっくり形の子房が膨らむのと同時に葉が伸びてくる。

マンサク　*Hamamelis japonica*〔**マンサク科**〕

谷筋の林などに生える。裏面の脈上に淡褐色の毛が密生して、葉面の緑色とくっきりしたもようをつくる。

フサザクラ　*Euptelea polyandra*〔**フサザクラ科**〕

鮮やかな緑色をした、先のとがった卵形の葉。その基部についているのは、花が終わったあとのめしべ。これが夏に果実になる(→p.145)。谷筋などに生え、10mを超える大木になることもある。

ヤマハンノキ　*Alnus hirsuta* var. *sibirica*〔**カバノキ科**〕

枝先の、小さな暗紫褐色のものは、受粉したあとのめしべ。これがやがて小さな松笠状の果穂になる。

コブシ　*Magnolia praecocissima*〔**モクレン科**〕

まん中に直立している棍棒状のものは、花後のめしべ。これが秋に実になる。

イヌコリヤナギ　*Salix integra*〔**ヤナギ科**〕

ヤマツツジやウワミズザクラの花が盛りを迎えるころ、イヌコリヤナギは早くも結実し、綿毛のついた微小な種子が風にのって舞い散っていく。

ヤナギやポプラの、綿毛のついた種子を「柳絮《りゅうじょ》」という(→p.61)。

ウワミズザクラ *Padus grayana*(右)と**イヌザクラ** *P. buergeriana*(左)

ウワミズザクラの芽吹きも美しい。若葉の緑と冬芽の芽鱗の赤との対比が鮮やかだ。枝は光沢のある暗紫褐色。よく似たイヌザクラの枝は淡灰褐色。

両者とも、新緑の頃に小さな白い花が総状の花序をつくる(→p.54)。

ブドウの仲間

ヤマブドウ
山地に生える。芽吹いたばかりの若葉は柔らかなうぶ毛で覆われていて、肌触りがよい。

サンカクヅル
卵形の葉には綿毛がなく、光沢があるのが特徴。

エビヅル
ヤマブドウに似ていて小型。ヤマブドウよりもずっと標高の低いところに生える。

ツタ
吸盤を使って、岩や樹幹をよじ登っていく。

ヤマブドウ　*Vitis coignetiae*〔**ブドウ科**〕

山地、寒冷地に生える落葉性のつる性木本。雌雄異株。葉は大きく、幅、長さとも20cmくらい。切れ込みはあまり深くない。展開したばかりの葉の表面は、白い綿毛で覆われていて、裏面も淡褐色の綿毛が密生しているので、ふわふわした感触がある。秋に深紅に色づいて林縁部を彩る。黒紫色に熟す果実が、たわわに実るようすは見事。

エビヅル　*V. ficifolia*〔**ブドウ科**〕

ヤマブドウによく似ているが、ずっと小ぶりで、標高の低いところに生える。河原などの、明るい林縁部に多い。葉の裏面には白色の綿毛が密生する。芽吹いたばかりは、脈上に赤紫色の毛があって、なかなか美しいものである。

サンカクヅル　*V. flexuosa*〔**ブドウ科**〕

エビヅルよりも標高の高いところで、ヤマブドウが現れるところよりも低い山地に多いようだ。葉は卵状三角形で、綿状の毛がなく光沢がある点が前2種との違い。サンカクヅルもエビヅルも、果実は秋に黒熟するが、ヤマブドウよりも小粒。

ツタ　*Parthenocissus tricuspidata*〔**ブドウ科**〕

丘陵地から山地まで広く分布する。秋の紅葉も美しいが、光沢のある若葉は赤味を帯びていてきれい。雌雄同株。枝から出る吸盤で、樹幹を這い上がる(右図)。

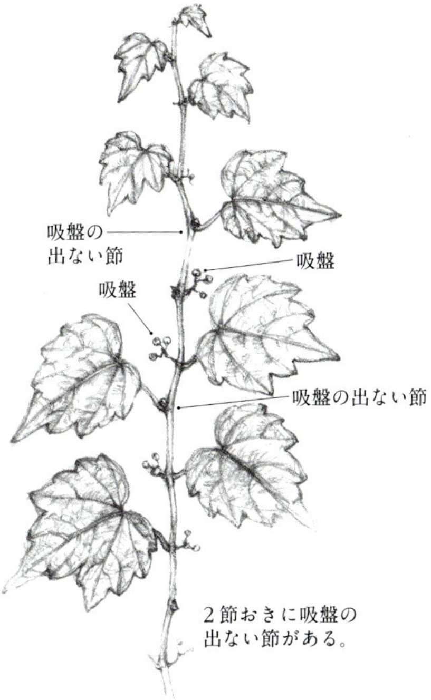

吸盤の出ない節
吸盤
吸盤
吸盤の出ない節
2節おきに吸盤の出ない節がある。

ものしりコラム

ツタの吸盤に法則あり

ツタは吸盤によって岩や樹幹にしがみついて這い上がっていく。吸盤は、葉のつく節から出るが、吸盤の出る節と出ない節とがあって、○○×○○×……というふうに、ふたつおきに吸盤のない節がある。

ツタウルシ　*Rhus ambigua*〔**ウルシ科**〕

山地に生える落葉性のつる性木本。葉は三出複葉。芽吹いたばかりの若葉は赤く、光沢もあり美しいが、肌に触れるとかぶれるので要注意。秋の紅葉もツタに劣らず美しい。

単葉と複葉

切れ込みの有無に拘らず、枝から生じる葉の葉身が1枚のものを単葉という。葉身が複数の独立した部分に分かれるものを複葉という。ツタウルシのような形を三出複葉、フジのようなものを羽状複葉、トチノキのようなものを掌状複葉という。ツクバネは一見すると羽状複葉のように見えるが(→p.55)、これは細い枝に葉が対生したもの。

天を突く大きな芽

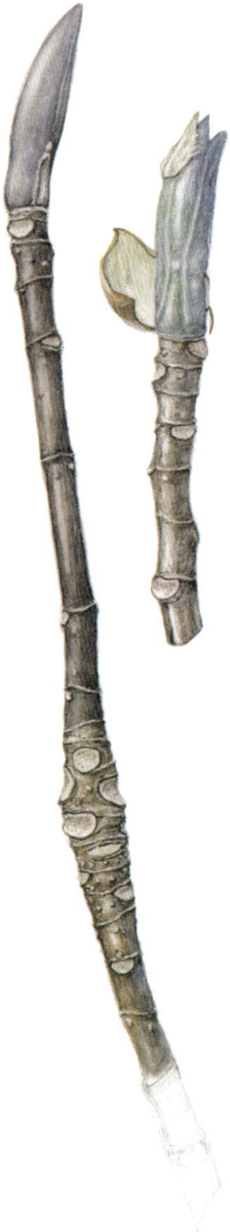

ホオノキ

Magnolia hypoleuca〔**モクレン科**〕

大きな筆の穂のような冬芽が膨らんで、厚い革質の芽鱗を押しのけ、白銀のうぶ毛をまとった若葉が展開してくる。コブシと同様に、この芽鱗は托葉起源である(→p.16)。地上に落ちている芽鱗によって、ああ、ホオノキの芽吹きの時期だなぁ、と気づくことも多い。今年は、いろんな樹木の芽鱗を拾いあつめて描いてみようか。

トチノキ

Aesculus turbinata〔**トチノキ科**〕

粘り気のある樹脂に覆われた芽鱗を脱ぎ捨てて、長い柄に支えられたしわの多い葉が展開してくる。葉がひろがる前のこの姿も特徴的だ。山地の谷筋に多い樹木だが、街路樹として目にする機会も多い。

カラマツ

Larix kaempferi〔**マツ科**〕

針葉樹の中では数少ない落葉性の種。芽吹きの頃のカラマツ林はとても美しい。樹形そのものが端整だし、細長い枝に交互に並ぶ、明るい青緑色の柔らかな若葉が、何より繊細で印象的だ。

ヤドリギ *Viscum album* var. *coloratum*〔**ヤドリギ科**〕
半寄生の常緑低木で、ミズナラやクリ、ハルニレなどの落葉広葉樹に寄生する。ヤドリギの芽吹きはかなり遅く、しかもゆっくりと葉が成長していく。6月半ば頃、標高1000m近いところで取材したのが左の絵。サルナシやミヤマタタビの花盛りの頃に、小さな葉が展開しつつあった。1年に1節ずつ成長するので、左の絵は5年分の伸び。直径50〜60cmの大きな株になるまでは、かなりの年数がかかっているはずだ。寄生した植物の枝にくさび形の根をくい込ませて養分を吸収すると同時に、自らも光合成をするので「半寄生」といわれる。

寄生と着生

たいがいの植物は地上に根を張るが、中には樹上生活をするものもいる。ヤドリギもその一例で、これは生きた樹木の枝から養分を吸収し、他者に依存して生活するので「寄生」という。寄主の樹木が枯れてしまえば寄生者も生きられない。同じ樹上生活でも、カヤランやセッコクは、自ら光合成をすることによって生きているので、これは寄生ではなく「着生」と呼ぶ。枯れ枝や岩の上にくっついても生活できるのは、そのためだ。

セッコク
Dendrobium moniliforme〔**ラン科**〕
5月頃に、香りのよい白または淡紅色の花が咲く。スギの枝などに着生することが多い。嵐のあとに、地上に落ちたのを拾っている人もいる。

カヤラン *Sarcochilus japonicus*〔**ラン科**〕
沢筋のように、いつも適度な空中湿度のある環境では、樹木の枝などに着生する植物が多い。カヤランもそのひとつ。葉の形が針葉樹のカヤに似ているので、この名がある。晩春に黄色い小さな花が咲き、やがて棍棒状の果実が実る。

山菜の季節

タラノキ　*Aralia elata*〔**ウコギ科**〕

特有の香りと苦味とが身上。晩夏に大きな花序をつくり淡黄色の花が咲く(→p.133)。

コシアブラ

Eleutherococcus sciadophylloides〔**ウコギ科**〕

落葉高木。ヒノキ林などに若い木がよく見られる。樹皮が灰白色なので「シラキ」と呼ぶ地方もある。葉は5小葉からなる掌状複葉。

タカノツメ　*Evodiopanax innovans*〔**ウコギ科**〕

コシアブラの幼木が生えている、とあるヒノキ林。ここにタカノツメがあったはずだと思って取材にでかけた。案の定、コシアブラはことごとく摘み採られているのに、タカノツメだけは無事。みんなこいつを知らないと見える。シメシメ！

ヤマウコギ

Eleutherococcus spinosus〔**ウコギ科**〕

おひたし、和え物などに利用される。林縁部などに生える落葉低木(→p.81, 125)。

山菜の季節

　山菜として利用される植物はさまざまだが、人気が高いのは独特の香りのあるもの。木本類に限ってみれば、タラノキやコシアブラ、サンショウなどがその代表だろう。ミツバウツギの若葉やフジの花も美味で、豊かな季節感を楽しめる。

　モウソウチクの筍が山菜かどうかは少々微妙なところだが、モウソウチクもマダケも分布しない北海道では、タケノコといえばネマガリタケ(チシマザサ)のものを指す。

ものしりコラム

ウコギ科の植物

ウコギ科、と聞いてピンと来る人は、かなりの植物好き。たいがいの人にとってはあまり馴染みのない名前だろうと思う。にも拘わらず、我々日本人には常日頃から関わりの深いものだ。何よりもまず、山菜の王様ともいうべきウドやタラノキ、それにヤマウコギ。薬用のチョウセンニンジンも、その近縁の野生種トチバニンジンもまた然り。庭木として利用されるヤツデやカクレミノ、キヅタもウコギ科の植物である。ウコギ科の植物には鋭い棘のあるものが少なくない。タラノキがその筆頭格、といいたいところだが、棘の密度の高さで、それをはるかにしのぐのがハリブキ。亜高山帯に生える落葉低木で、札幌郊外の1000m級の山では見ることができる。高さ50～60cmほどのぶっきら棒な幹の先に、大きな掌状葉がつくが、その幹といわず葉といわず、棘だらけの姿には思わずたじろぐ。

サンショウ　*Zanthoxylum piperitum*〔ミカン科〕

雌花

雄花

山野に生える落葉低木。雌雄異株。新葉の展開とともに開花する。若葉には特有の香気があり、果実や種子にも香りと辛味があって、日本が誇る香辛料植物といえるだろう。ナミアゲハやクロアゲハの食餌植物としてもおなじみ。よく似たイヌザンショウは夏に花が咲く(→p.132)。

モウソウチク
Phyllostachys pubescens
〔イネ科〕

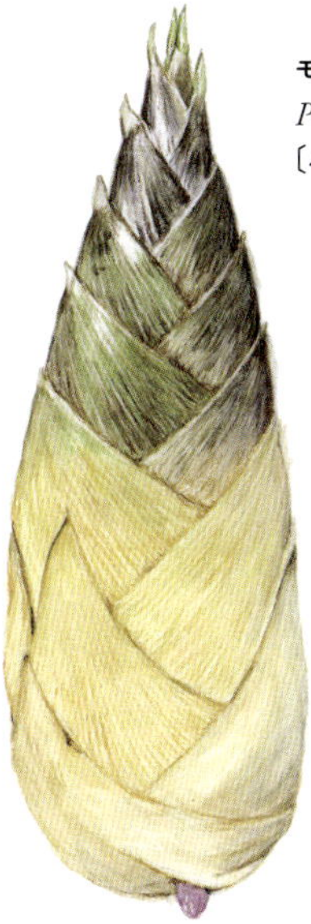

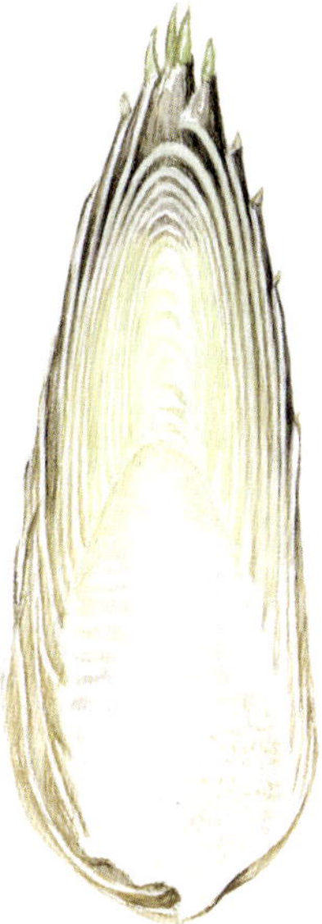

「孟宗竹」。食用の筍といえば、まずもってモウソウチクのものを指す。江戸時代に中国から導入されたのだそうで、歴史は浅い。春に芽を出すと、夏の頃までに一気に15～20mほどにも伸長し、成長は止まる。地下茎で縦横無尽にひろがっていく。

風薫る5月

5月5日頃が立夏。4月下旬から5月の連休明けの頃は、平野部の雑木林は、まばゆいほどの新緑の装いになる。

風薫る5月。じっさい、芽吹いたばかりの樹木の葉や、新緑の雑木林に咲く花々には、よい香りを放つものが少なくない。ヤシャブシの若葉のニッキ飴のような香り、ウワミズザクラの花のクマリン系の芳香、それにナツグミやアキグミ、ヤマツツジやフジの花にも、それぞれ固有の香りがある。それがブレンドされた薫風を、人は無意識に嗅いでいる。

若葉を傷つけた時に発散される揮発性物質の香りは、食害昆虫への防御だといわれるが、植物の葉を食べて育つ数多くの昆虫にとっては、柔らかな若葉はおいしいごちそうである。この季節こそが、年に一度の繁殖シーズンという昆虫も数多くいる。放っておけば、それらの芋虫毛虫のせいで若葉は食べ尽くされてしまうだろうに、うまくしたもので、繁殖のために渡ってきた夏鳥たちのおかげで、自然のバランスは保たれることになる。

ズミ　*Malus sieboldii*〔**バラ科**〕
リンゴの仲間の在来種。平野部では4月中～下旬に咲くが個体数は少なく、分布の中心は山地帯。軽井沢や八ヶ岳山麓（野辺山から清里を経て小淵沢に至るあたり）では5月中～下旬、奥日光の戦場ヶ原では6月上～中旬が花の見頃だ。下界は梅雨だが、標高1000～1400mほどの場所では、新緑の季節である。樹冠いっぱいにまっ白い花が咲き、とてもきれいだ。蕾のうちは、花弁は淡紅色を帯びる。

フジの芽吹きのスケッチ

宇都宮市郊外での、ある年の5月の連休の頃の記録。採集してきたものを室内で描いた。フジの小葉の裏面に、フジハムシが産卵していた。アズキ粒くらいの楕円形をした、光沢のある黒っぽい甲虫である。

フジの花盛り

ニセアカシア（ハリエンジュ）
Robinia pseudoacacia〔**マメ科**〕
北米原産の落葉高木で明治のはじめ頃に日本に導入されたという。一般にアカシアの名で親しまれているが、ネムノキ科の*Acacia*属とは別物。ニセアカシアの名は種小名の直訳で、枝に棘があるので、ハリエンジュの名もある。街路樹として使われることが多く、札幌市内にはこの並木が多い。

　この道はいつか来た道　ああ　そうだよ
　あかしやの花が咲いてる

白秋のこの詩は、札幌で見た情景だという。関東の平野部では5月上〜中旬、札幌では6月中旬が花の見頃。白い大きな花房はむせかえるような香りを放ち、蜜源としても重要だ。葉は奇数羽状複葉で、小葉は先のまるい楕円形。野生化したものも多く、河原に大きな林をつくっていたりする。

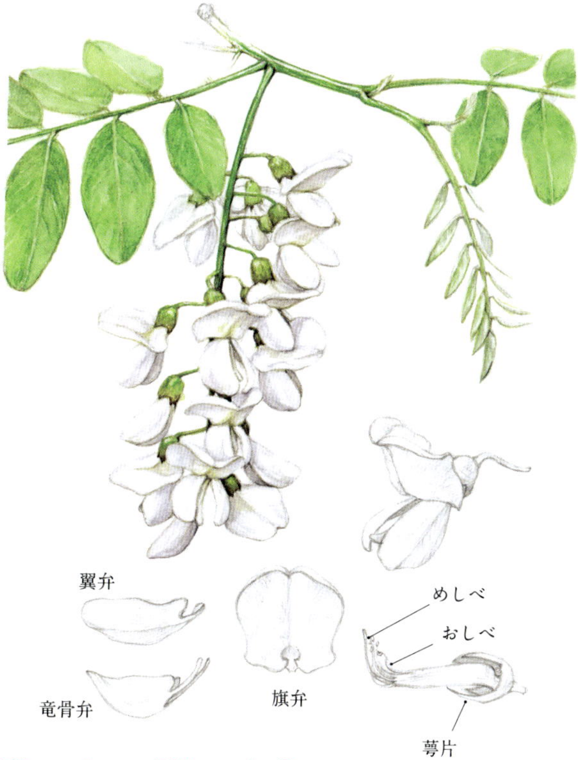

フジ　*Wistaria floribunda*〔**マメ科**〕
落葉性のつる性木本。本州、四国、九州に分布し、山野にごく普通。平野部では5月の連休前頃から咲きだし、山地では6月半ば頃まで花が見られる。淡紫色というのかまさに藤色の大きな花房は見ごたえがあり、観賞用として植栽され、あちこちに名所も多い。花はさっとゆがいておひたしにすると美味。種小名は「たくさんの花をつける」の意。ノダフジとも呼ばれる。
つるは左巻き、すなわち、伸長の方向に向かって左旋回する。近畿以西に分布するヤマフジは花序が小さく、つるが右巻きである点が異なる。
フジは水揚げがとても悪い。一枝折り採ってきて描こうなどという甘い考えは、たちどころに打ち砕かれる。野外でスケッチするしかない植物だ。

Wistaria or Wisteria?

　もしあなたの手許に植物図鑑があったら、フジの項目を引いて、学名のつづりを見ていただきたい。たいていの図鑑では、*Wisteria*とつづられているだろうと思う。ところが、ぼくの手許の『学生版牧野植物図鑑』では*Wistaria*となっている。これはどちらかが間違っているのだろうか？

　ある時たまたま、『Encyclopedia Americana』という本をめくっていたら、疑問がとけた。*Wisteria*が使われることが多いものの、*Wistaria*もありなのだ。この属名は、アメリカ人の医師Caspar Wistarに因む。そうなると、*Wistaria*とつづるのが自然なのではないか？　平嶋義宏さんの『生物学名命名法辞典』を見たら、平嶋さんも*Wistaria*を使っていらっしゃる。札幌の藤女子大学には、「ウィスタリアコール」という合唱団があって、あそこではWistariaと表記していたような気がする。普段、使い慣れたつづりと違うなあと思ったのだが、これで納得した。上記の理由で、今後ぼくは*Wistaria*を使うことにする。

つる性木本の花

アケビ

雌花
雄花
おしべは6本
めしべ

雌花
ミツバアケビ
雄花

雑木林の林縁に普通に見られる。アケビに較べると、やや標高の高いところに生える。
花序の先端のほうにある小さいのが雄花、基部近くにある大きいのが雌花で、このめしべが、秋に紫色の実になる。

サルトリイバラ

雄花
雌花

葉の展開とともに淡黄緑色の花が球状の花序をつくって咲く。雌雄異株。すなわち、雄株には雄花だけの花序が、雌株には雌花だけの花序がつく。秋に赤い果実ができる。枝に鋭い棘があり、猿もひっかかるのではないかと。

ヤマカシュウ

サルトリイバラによく似ているが、花期はひと月くらい遅い。葉は卵形で先がとがる。他の植物にまじっていると、案外気づきにくい植物だ。

アケビ　*Akebia quinata*〔**アケビ科**〕

落葉性のつる性木本。花弁状の萼片は淡紫色。雄花は花序の先端のほうにつき、基部に雌花がつく。雄花にはおしべが6本、雌花にはめしべが3〜9本ある。葉は5小葉からなる。

花の色と若葉とが調和してとても美しく、いつかこれをちゃんと描きたいと思っているのに、この花の花期はぼくにとっては一年中で一番忙しい季節。今回も、新たに取材しようと思ったのに結局叶わず、古いスケッチを取り出して描くハメになった。

ミツバアケビ　*A. trifoliata*〔**アケビ科**〕

落葉性のつる性木本。アケビよりも標高の高いところに見られる。花弁状の萼片は暗紫褐色。雄花には6本のおしべが、雌花には、細長いトックリ形のめしべが3〜6本ある。葉は3小葉からなる。アケビもミツバアケビも、つるは右巻き。

サルトリイバラ　*Smilax china*〔**サルトリイバラ科**〕

落葉性のつる性木本。托葉の先が細長く伸びて巻きひげになり、これで他のものに絡みついていく。枝には鋭い小さな棘がある。雌雄異株で、雄花、雌花とも花被片は6枚。雄花には6本のおしべが、雌花にはめしべが1本ある。まるい大きな葉が特徴。

ヤマカシュウ　*S. sieboldii*〔**サルトリイバラ科**〕

前種によく似ているが、花が咲くのは、それよりもひと月ほど遅い。葉は卵形で、先細りになってとがり、基部はハート形。托葉の変化した巻きひげと、鋭い棘がある。雌雄異株。

ヤマカシュウの果実

赤い実のなるサルトリイバラに対して、ヤマカシュウは黒緑色に熟す。同属のシオデやタチシオデに似ているが、これらは草本で棘がない。サルトリイバラほど多くはなさそうだが、見逃されていることも多いのだろうと思う。

ものしりコラム

つる性木本

つるになって他の植物に巻きついたり、よじ登ったりする植物はいろいろあるが、それぞれ巻きつき方、よじ登り方もさまざまだ。フジやアケビ、サルナシやスイカズラなどは、茎自体がねじれて、他の植物に巻きついていく。

巻きひげを使うのはエビヅルやヤマブドウで、サルトリイバラは、巻きひげの他に小さな棘でひっかかりやすくしている。棘でひっかかるのはジャケツイバラで、これはいたるところに棘がある。

ツタやツタウルシ、テイカカズラ、キヅタ、ツルマサキ、イワガラミなどは、枝から付着根を出して、樹幹や岩にしがみつく。

グミの仲間

花には甘い香りがある。

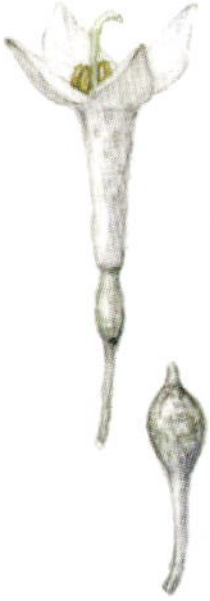

アキグミ

Elaeagnus umbellata

花冠状の萼筒が脱落し、残った小さな紡錘形の部分が、やがて果実になる。

ニッコウナツグミ

E. nikoensis

ナツグミ

E. multiflora var. *orbiculata*

アキグミ同様、甘い香りのある花。

春、新しい葉が展開する頃は独特の趣きがある。

葉の表面の白銀の鱗状毛は徐々に脱落していく。

マルバグミ

E. macrophylla

葉は大きな卵形、濃い緑色で光沢がある。

グミの仲間(グミ科グミ属)は、香りのよいかわいらしい花が特徴だが、花弁はなく、萼片が変化して花冠のようになったものだ。筒状の萼筒の基部にくびれがあり、そのすぐ下の小さな紡錘形の膨らみが果実になる。めしべの子房は、この萼筒の内部に包まれていて、植物学上、子房自体が成熟した真の果実とは異なるので、偽果と呼ばれる。果実というのは、なかなかややこしい。

それはともかく、グミの仲間には落葉性のものと常緑のものとがある。落葉性のナツグミやアキグミの花は春に咲いて、夏から秋に結実する。常緑のマルバグミやツルグミ、ナワシログミは晩秋開花し、春に結実する。葉や花や果実の表面に白銀や褐色の鱗状毛や星状毛があるのもグミの仲間の特徴。根に根粒菌が共生するので、栄養分の乏しい荒地にも生育できるものが多い。

アキグミは本州以南の日本全土に広く分布する。河原や海岸などに普通に見られ、秋に球形の赤い実が熟す。ナツグミは4月頃に開花、花には長い柄があって下を向いて咲き、梅雨の頃に果実が熟す(→p.122)。枝には、まばらに棘がある。ニッコウナツグミは関東〜中部地方の山地の林縁に生える。

ツルグミは暖地の海岸沿いなどに生える常緑低木で、他の木にもたれるようにして上方に伸び、内陸にも見られる。マルバグミは暖地の海岸に生える。葉は卵形で大きく光沢がある。春の展葉の頃は、若葉が白銀に輝いて美しい。晩秋に、甘い魅力的な香りの花が咲き、早春に結実する。砂丘の汀近くのものは背も低く、横にひろがって伸びていたが、少し陸側では、高さ10mほどのクロマツに絡みつき、そのてっぺんあたりまで達していた。

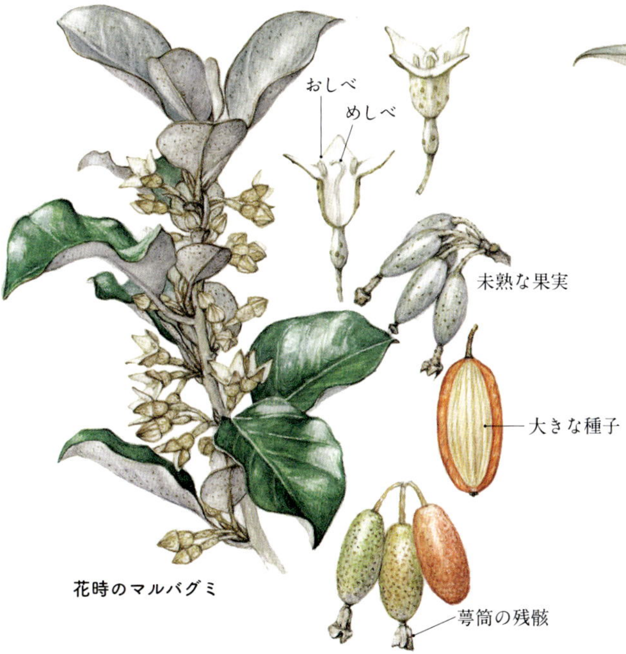

花時のマルバグミ

ツルグミ　*E. glabra*
葉の表面には赤褐色の鱗状毛がある。
マルバグミとツルグミは常緑。晩秋に花が咲き、果実は春に熟す。

ウワミズザクラが咲く頃

ウワミズザクラ *Padus grayana*〔**バラ科**〕

花序の柄に
葉がある。
鋸歯の先が細く
突出する。

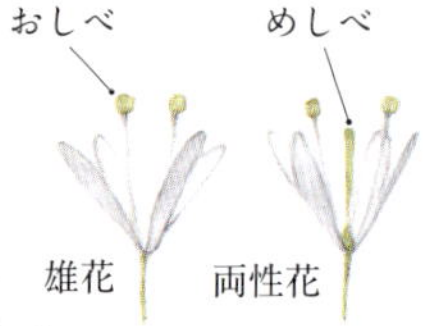
おしべ
めしべ
雄花
両性花

マルバアオダモ
Fraxinus sieboldiana
〔**モクセイ科**〕

イヌザクラ
P. buergeriana〔**バラ科**〕

花序の柄に
葉はない。
鋸歯は浅く
先は突出しない。

ウワミズザクラは、丘陵地から山地の夏緑林に生える落葉高木。小さな花が総状に集って純白のブラシのような花序をつくり、新緑に映えてとても美しい。加えて、花にはよい香りがあるので、魅力は倍加する。夏の終わりに黒熟する果実は、色、香りともにすぐれた果実酒になる。ファンが多いのもむべなるかな。

イヌザクラは、これに較べると花序がずっと小さく、貧相な感じがする。前種と違って花序の柄に葉がなく、葉の基部はくさび形で、鋸歯は浅い。

同属の常緑樹リンボクは照葉樹林帯に生える。益子町高館山の群落は北限に近く、ここでは9月半ばに開花する。

マルバアオダモは雌雄異株の落葉高木で、明るい林縁などに生える。新緑の頃に咲く白い4弁の花は、構造はいたって単純。

ツクバネ
Buckleya lanceolata
〔ビャクダン科〕
アカマツ林やヒノキ林などに生える落葉低木。雌雄異株。針葉樹に半寄生するという。雄花、雌花ともに直径4〜5mm。雌花には4枚の細長い苞があり、花時には8〜10mmほど。葉は対生だが、一見、羽状複葉のように見える。花が小さく若葉と同色で目立たないが、これでも立派な虫媒花で、仄かな香りがし、小型のハエの仲間などがやってくる。果実の形が、正月の羽根つき遊びの羽根の形に似ている。

ニワトコ
Sambucus racemosa ssp. *sieboldiana*
〔スイカズラ科〕

明るい林縁などに生える落葉低木。芽吹きは早いが、実際に開花するのは新緑の頃。淡黄色の、大きな泡のような花序をつける。
ヨーロッパに分布するセイヨウアカミニワトコ *S. racemosa* ssp. *racemosa*の別亜種とされる。

ニワトコという植物は、ドイツ文学に時々――といってもぼくが知っているのは2例だが、登場してくる。
ひとつはリルケの初期の、甘たるく感傷的な詩。もうひとつ、これがとても印象的なのだが、E. T. A. ホフマンの『黄金の壺』の冒頭の章。昇天祭の日(これは移動祝日なので、5月上旬から下旬頃)の午後、大学生アンゼルムスを誘惑する金緑色の小蛇たちが潜んでいたのは、花盛りのニワトコ(Holunderbaum)の繁みだ。もっともこれは、果実が黒熟する*S. nigra*かもしれない。

黄緑色の小さな花

コクサギ
雄花序
雄花
雌花序
花弁は通常４枚。
稀に５枚。
雌花

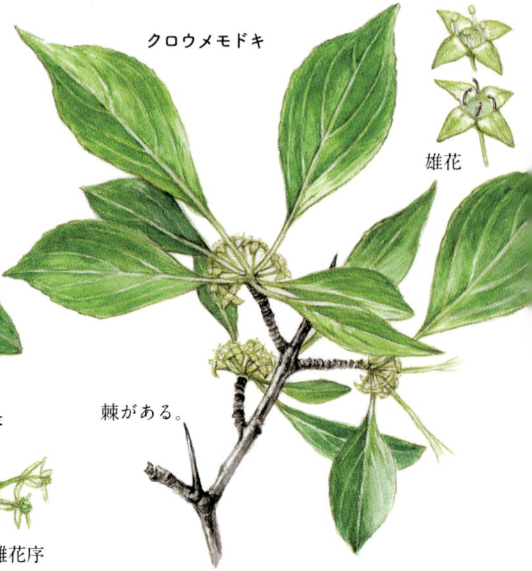
クロウメモドキ
雄花
棘がある。

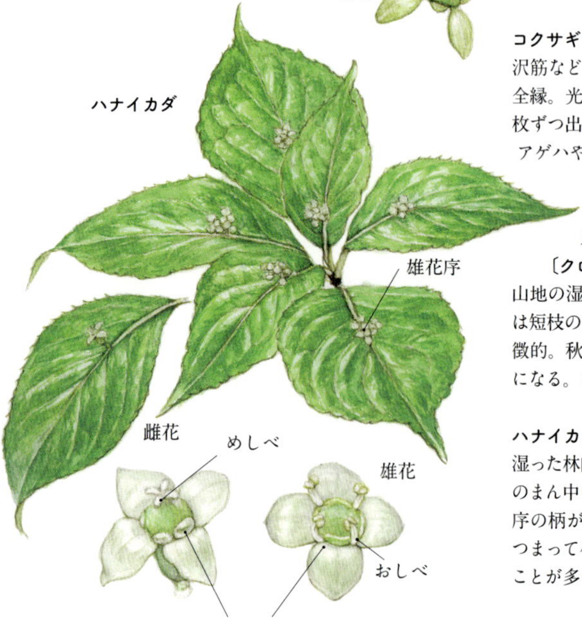
ハナイカダ
雄花序
雌花
めしべ
雄花
おしべ
蜜がにじみ出ている。

コクサギ *Orixa japonica*〔**ミカン科**〕
沢筋などに生える落葉低木。雌雄異株。葉は楕円形で全縁。光沢があり、特有の臭気がある。左右に交互に２枚ずつ出るのが特徴で、コクサギ型葉序という。カラスアゲハやオナガアゲハの幼虫の食餌植物。

クロウメモドキ
Rhamnus japonica var. *decipiens*
〔**クロウメモドキ科**〕
山地の湿った林などに生える落葉低木。雌雄異株。花は短枝の先に束になってつき、４枚の三角形の花弁が特徴的。秋に球形の黒い果実がみのる。枝の先が鋭い棘になる。スジボソヤマキチョウの食餌植物。

ハナイカダ *Helwingia japonica*〔**ミズキ科**〕
湿った林内や沢筋などに生える落葉低木。雌雄異株。葉のまん中に花が咲くのが面白く、「花筏」の名がある。花序の柄が葉の中肋と合着した形だろう。雄花は数個あつまって小さな花序をつくるが、雌花は１個だけ単独のことが多い。葉は対生。

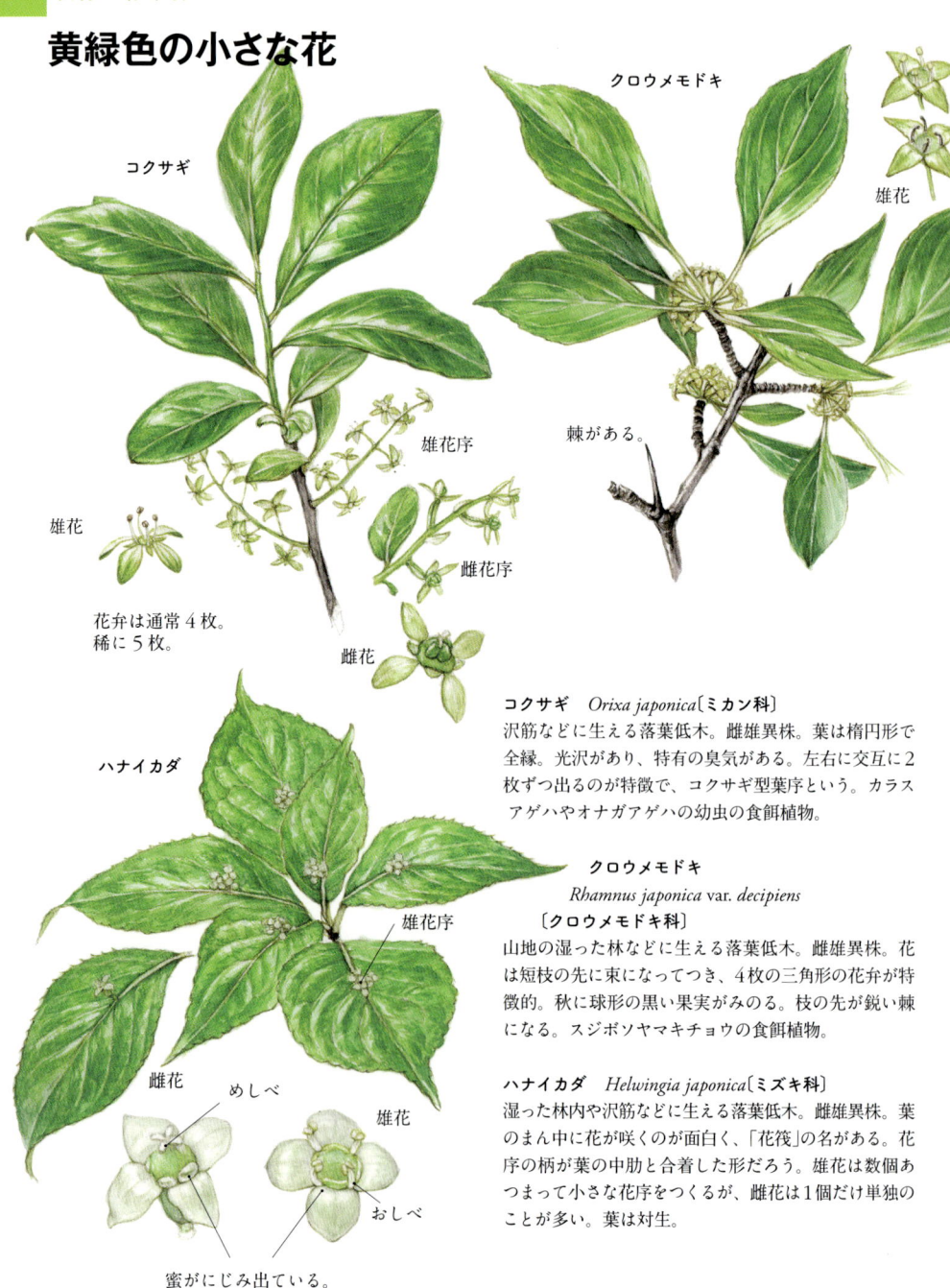

アオキ　*Aucuba japonica*〔**ミズキ科**〕
照葉樹林などに生える常緑低木。雌雄異株。花は小さいが趣きがある。葉は対生。

モチノキ　*Ilex integra*〔**モチノキ科**〕
照葉樹林に生える常緑高木。公園などに植えられているので、自生地以外で見かけることが多い。雌雄異株。サクラの季節が過ぎ、ナツグミが咲く頃に、この花も咲く。雄花には4本のおしべと退化しためしべが、雌花には1本のめしべと退化した4本のおしべがある。

ヒサカキ　*Eurya japonica*〔**ツバキ科**〕
林縁や林床にごく普通に生える常緑低木。雌雄異株。春早く、サクラの開花前に、淡黄色の小さな椀形の花が咲く。花には特有の臭いがあって、それによって開花に気づくことも多い。若葉は花のあとに展開する。

ツツジの仲間

トウゴクミツバツツジ

葯の先端に穴があき、
粘り気のある花粉が
出てくる。

シロヤシオ
ゴヨウツツジ(五葉躑躅)
ともいう。

アカヤシオ
芽ぶきの前にいち
早く咲く。

レンゲツツジ
鮮やかなオレンジ色の
大きな花が人目をひく。

ヤマツツジ
新緑の雑木林に
朱色の花が咲く。

ツツジの仲間(ツツジ科ツツジ属)は、背丈は概して低いわりに、色鮮やかな大きな花が咲き、春の野山の散策の楽しみへと誘ってくれる。野生種も多い上に、そこからつくり出された数々の園芸品種がある。常緑で革質の葉をもつシャクナゲの仲間もツツジ属の植物だ。

葯の先端にまるい穴があいて、粘り気のある糸を伴った花粉が出てくるのもツツジの仲間の特徴。

トウゴクミツバツツジ *Rhododendron wadanum*
枝先に3枚の葉が輪生するミツバツツジ(三葉躑躅)の仲間は地方ごとに独自の種が分布する。トウゴクミツバツツジ(東国三葉躑躅)は東日本の山地に生え、新緑の季節に先がけて、葉の展開の前に紅紫色の花が咲く。おしべは10本。

アカヤシオ *R. pentaphyllum*
山地に生える。オオカメノキ等が咲き出す頃に、葉の展開に先立って淡い紅紫色の花が咲く。花冠全体も裂片もまる味が強い。おしべは10本。

シロヤシオ *R. quinquefolium*
山地に生える。新緑の季節に、葉の展開と同時に白い花がうつむきがちに咲く。枝先に5枚の葉が輪生するので「五葉躑躅」とも。

ヤマツツジ *R. obtusum* var. *kaempferi*
新緑の頃、アカマツの混じるような乾いた雑木林に朱赤色の花が咲く。ほのかな香りに誘われて、クロアゲハやカラスアゲハがやってくるのを、心をときめかせて待ち伏せていた少年時代があった。おしべは5本。

レンゲツツジ *R. molle* var. *glabrius*
山地に生える。鮮やかなオレンジ色の花は大きくて華やかさがあり、花盛りの群生地は大勢の見物客で賑わう。開花はヤマツツジよりも遅い。おしべは5本。

アズマシャクナゲ *R. degronianum*
ツツジ属のうち、常緑で革質の葉をもつものは、シャクナゲ(石楠花)と呼ばれる。アズマシャクナゲは、関東から東北にかけての山地に生え、新緑のはじまりの頃に花が咲く。

春の風に舞う

川沿いなどに生える落葉高木。見たことがない、という人が多いが、川岸を歩けばたいがい見つかるはずだ。雄花序は長さ15cmほどの尾状。雌花序は枝先に直立し、めしべの鮮やかな赤い柱頭が印象的だ。風媒花。

オニグルミ
Juglans ailantifolia
〔**クルミ科**〕

雌花序

雌花

雄花

雄花序

ヤマグワ　*Morus bombycis*〔**クワ科**〕
日本の在来のクワの仲間。

雌花

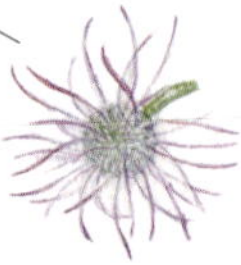

雌花序

雄花

明るい林縁などに普通に生える落葉低木。芽吹き出したばかりの枝先にある、黒いクワの実のようなものは、若い雄花序。イソギンチャクの触手のような赤いひも状の柱頭を伸ばしているのが雌花序。いずれも、小さな花が密に集合したものだ。
見ばえのしない花だが、花粉の飛散のさせ方がおもしろい。1個の雄花には3〜4本のおしべがあって、当初それらは身を屈めているのだが、時至ると勢いよくそり返り、のけぞりざまに淡黄色の花粉を散らす。花粉は煙のように漂ってめしべに到達するというしかけだ。一見の価値がある。

ヒメコウゾ
Broussonetia kazinoki〔**クワ科**〕

ヤマナラシ

Populus tremura var. *sieboldii*〔**ヤナギ科**〕

山野の日あたりのよいところに生える落葉高木。雌雄異株。樹皮は白く、樹齢が増すごとに菱形の黒い皮目が目立ってくる。落葉したあとのほうが、その存在に気づきやすい。若葉の裏面には白色毛が密生し、絹状に輝いて美しい。葉柄は、葉身の近くで左右に扁平。展葉に先立って開花する(→p.12)。葉が風になびいて軽い音をたてるので「山鳴らし」。日本の在来のポプラの仲間である。

熟れた果実が裂開すると、白い綿毛をそなえた微細な種子が現れ、風で飛散していく。ポプラやヤナギの仲間のこうした綿毛をもった種子を「柳《りゅう》絮《じょ》」と呼ぶ。

未熟な果序

裂開して柳絮が現れる。

宇都宮の市街地を北に少しはずれたところに、市の美術館がある。その建物を含む広い敷地には、おそらく造成前からあったと思われるコナラやクヌギ、カスミザクラ、ホオノキ、シラカシなどが、いい具合に残されている。

ヤマナラシもそのひとつ。珍しいものではないが、かといってどこにでも多いとは限らない。大半は雄株だが、雌株が2本だけある。ある年の5月、連休明けの日曜日にここで観察会をやった。よく晴れて、少し汗ばむくらいの陽気。ウワミズザクラがまっ盛りだった。観察会がひけたあと、すぐに帰るのはもったいないと思い、もうひと巡りすることにした。

そうして、そのヤマナラシの木の近くに来たまさにその時。一陣の風が立ち、それとともに、枝先に垂れ下がる熟れきった果序から、すさまじい量の柳絮が一斉に舞った。時ならぬ吹雪のように、それは風のなすままに宙を舞い、あっちに流れ、こっちに戻りつしてあたりに散っていった。それはなんとも夢幻的な情景だった。

「風物詩」という言葉がある。ある辞書には「接する人に、その土地の風土と結びついた季節感を感じさせ、何らかの感慨・感動を催させるもの」(『新明解国語辞典』)とある。北海道にはポプラが多い。6月頃にはその梢から夥しい柳絮《りゅうじょ》が舞い散り、道路の端にはうず高く——といったら少し大げさだが、大量の綿毛が吹き寄せられることになる。柳絮の舞う姿は、なかなかの見物《みもの》だが、あと始末はやっかいだ。北海道の初夏の風物詩のひとつである。

食痕の観察

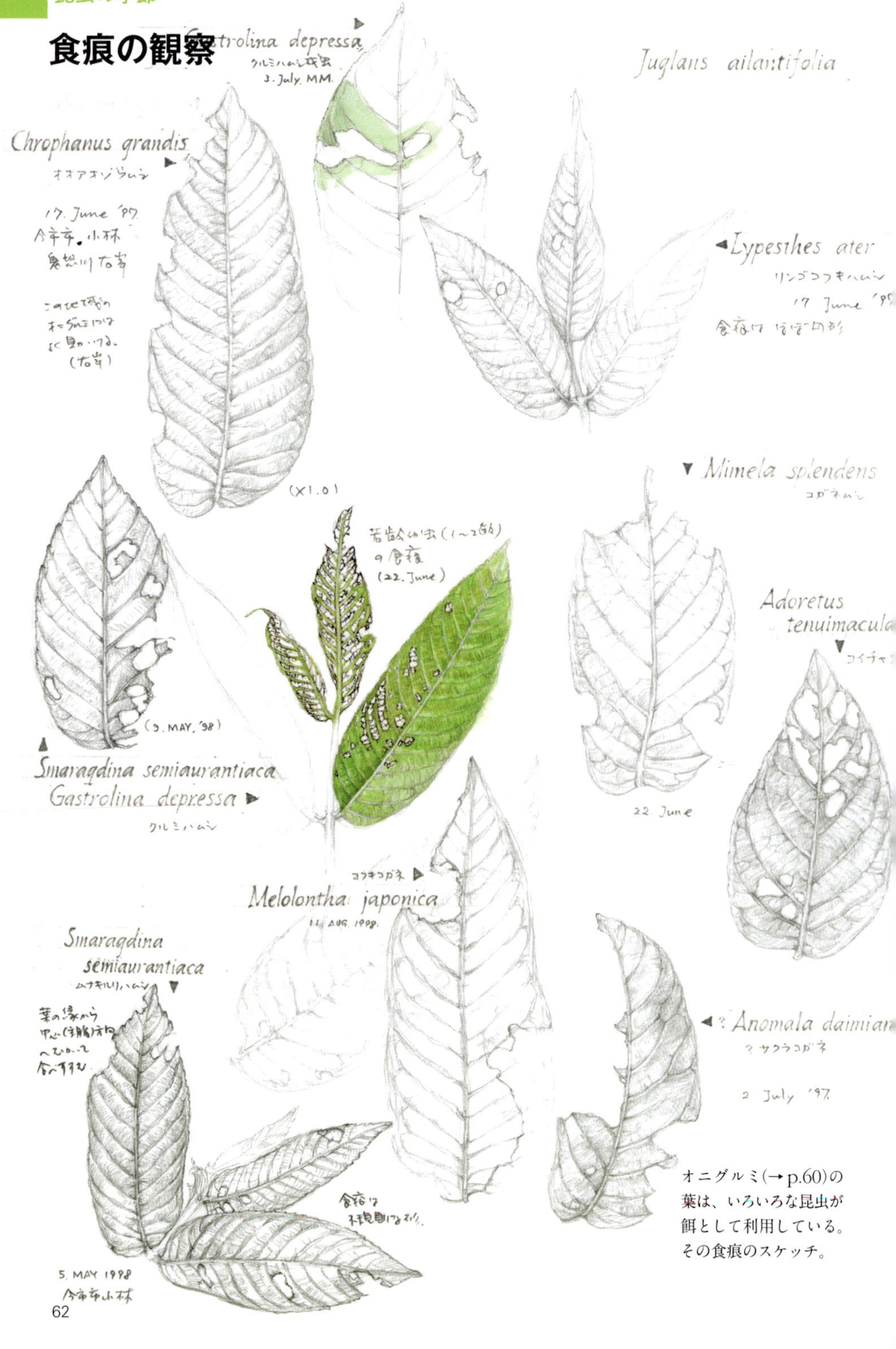

オニグルミ(→p.60)の葉は、いろいろな昆虫が餌として利用している。その食痕のスケッチ。

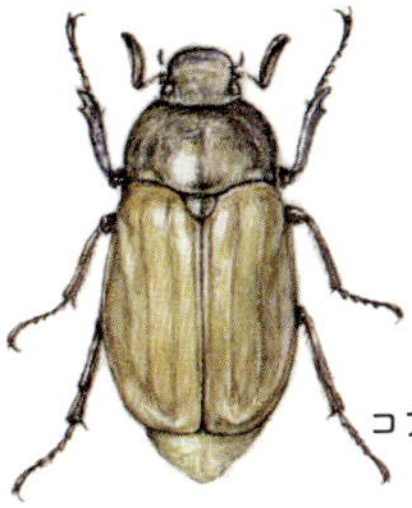

コフキコガネ

コイチャコガネ

クルミハムシ

コフキコガネ　*Melolontha japonica*〔**コガネムシ科**〕
オニグルミなどによく見られる大型のコガネムシ。

コイチャコガネ　*Adoretus tenuimaculatus*〔**コガネムシ科**〕
オニグルミの他、クリやコナラ、シデやサクラの仲間など、さまざまな広葉樹の葉を食べる。

クルミハムシ　*Gastrolina depressa*〔**ハムシ科**〕
幼虫も成虫もオニグルミやサワグルミの葉を食べる。平べったい体形が特徴。

おそらくどんな種類の植物でも、何がしかの昆虫の餌になっている。チョウやガの幼虫、コガネムシ、ハムシ、ハバチの仲間。ナナフシも姿に似ず、大変な大食漢だ。

限られた種類の植物に依存する昆虫もいれば、手あたり次第なんでも食べるという連中もいる。

葉に残された食痕にも特徴があり、誰のしわざかを推理しながらスケッチをしてみるのも面白いし、いろいろなことに気づくはずだ。

ハキリバチの仲間は、巣造りの材料として、植物の葉をまるく切りとっていく。種類によって好みの植物があるようだ。

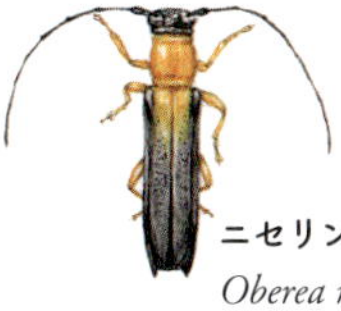

ニセリンゴカミキリ
Oberea mixta〔**カミキリムシ科**〕

ニセリンゴカミキリの食痕。スイカズラの葉脈を食べる。

スイカズラ

クロウメモドキ

シラホシカミキリの食痕。ガマズミやクロウメモドキの葉脈を食べる。

シラホシカミキリ
Glenea relicta〔**カミキリムシ科**〕

カミキリムシの仲間には、植物の葉の脈だけを、裏面から食べる種類がいて、その結果、非常に特徴的な食痕が残る。表からは姿が見えにくいが、裏面をのぞいてみると、そこにカミキリムシが見つかるかもしれない(→p.75)。

擬態 I

植物と昆虫とは——自然というものはことごとくそうだが——直接間接に、互いに依存しあって生きている。

植物の葉や花の蜜を餌にする昆虫の中には、特定の種類の植物との結びつきが強いものも多く、それに伴って、生活のしかたはおろか、姿形にまで、その関係の深さが現われることも少なくない。

外敵から身を守るために、ある種の昆虫は工夫をこらして身を隠す。擬態と呼ばれる現象である。無防備な蝶や蛾の幼虫の中には、餌になる特定の植物の、特定の部位にそっくりの姿のものがいて、その巧みさには度肝を抜かれる。惜しむらくは、その巧妙さ故に、身近で繰り広げられている華麗な演技に、ほとんど誰も気づいていない。

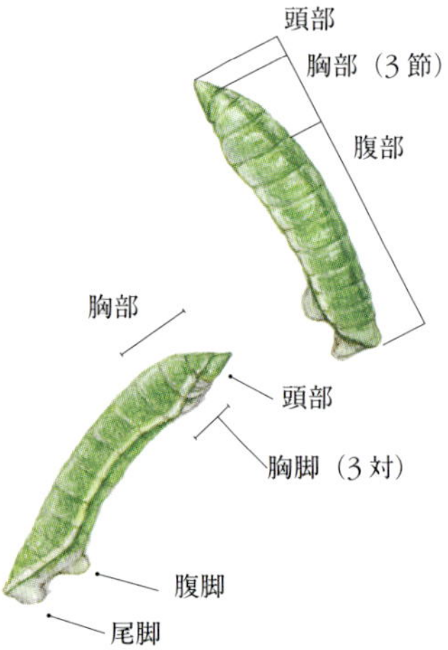
頭部
胸部（3節）
腹部
胸部
頭部
胸脚（3対）
腹脚
尾脚

オオアヤシャク *Pachyodes superans*
〔シャクガ科〕
終齢幼虫は4cmあまり。全体が淡い青緑色で、腹部側面に、淡黄色の1本のすじ（気門下線）がある。とがった頭部が特徴。幼虫で越冬し、年に2世代。コブシやホオノキの葉を食べる。日本全土に分布する。

5月の連休の頃、花が散ってひと月も経つと、コブシの葉はすっかり大きくなる。目を凝らしてみると、芽だか開きかけた葉だか、あるいは未熟な果実だかと見分けがつかないような、とんがった頭の緑色のイモムシがいる。普段はじっとしているので、どれが頭か、どこに脚があるのかすら判然としない。
お盆過ぎにコブシの成葉で、第2世代の若い幼虫を見つけた。意識的に探さなければ、なかなか見つからない。左の絵の中には4匹いる。
成虫は、灰色のまだらもようの、モンシロチョウくらいの大きさの蛾だ。

カギバアオシャク
Tanaorhinus reciprocata confuciaria
〔シャクガ科〕

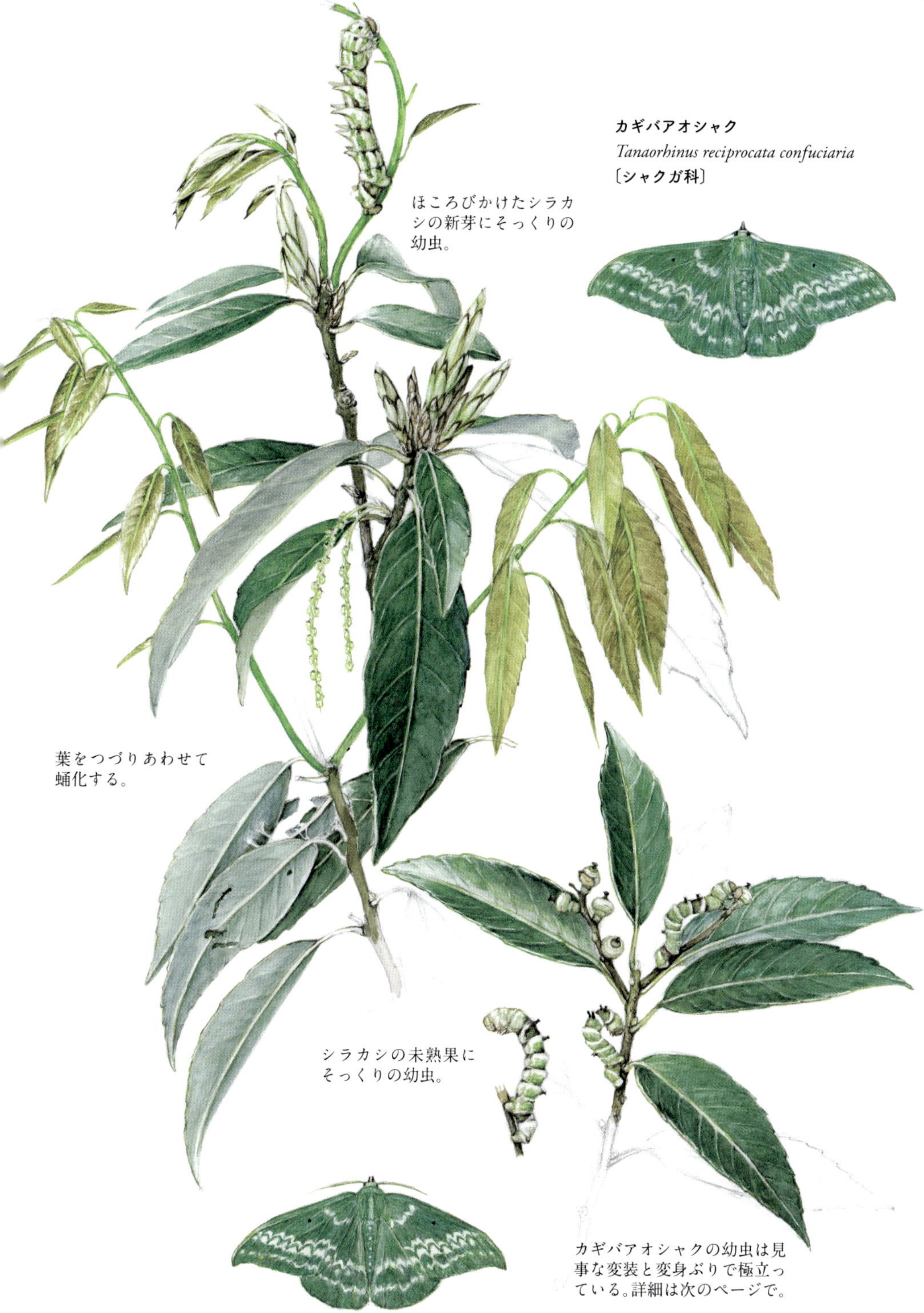
ほころびかけたシラカシの新芽にそっくりの幼虫。
葉をつづりあわせて蛹化する。
シラカシの未熟果にそっくりの幼虫。
カギバアオシャクの幼虫は見事な変装と変身ぶりで極立っている。詳細は次のページで。

擬態Ⅱ

さまざまな種類の昆虫が、コナラの葉に依存して生活をしている。

コナラは、梅雨の頃に、その年2度目の伸長をする。
わらじ形をしたムラサキシジミの幼虫は、コナラの若葉にそっくりの色をしている。
蛹
終齢幼虫
ムラサキシジミの幼虫
未同定の潜葉性の昆虫の食痕。
ギンシャチホコの幼虫
ムラサキシジミの蛹
葉腋にできた壺形のゴール
ミヤマイクビチョッキリのゆりかご
カギバアオシャクの幼虫の食痕。
コナラを食べていたカギバアオシャクの幼虫は、シラカシを食べていたのとは色やもようが少し異なり、明らかにコナラのドングリに似ている。
かなり大きく育ったドングリ。穿孔部から1cmあまり奥まで、きれいに食べている。
いきなり堅果を喰い破るのではなく、殻斗に穴をあけてから堅果に頭をつっこんで内部を食べる。

変装のわざ、変身の術――カギバアオシャク

ある年の7月、そろそろ梅雨も明けようかという頃、ウラジロガシの未熟果のようすを見に、県南のとある場所に出かけた。ウラジロガシは、シラカシやアラカシとは異なって、2年越しで結実する。前年に咲いた花から生じた小さな果実は、夏の頃から急速に成長して、その秋にドングリになるのだ。

帰りがけ、麓の神社のそばに車を停め、若い果実をつけたシラカシの枝をたぐりよせた時のこと。言葉を失い、その枝に眼が釘づけになった。

シラカシのドングリの殻斗は、縞もようのある淡い灰緑色をしていて、小さなドングリのてっぺんには、柱頭が黒っぽい突起として残存している。それが、3cmほどの軸に4つ5つ、ついているのだが、目にとびこんできたのは、そのドングリそっくりの、2cmほどのシャクトリムシだった。あっぱれ見事な擬態にびっくりするやら感激するやら、何しろ初めて見るものだったので、枝ごと持ち帰ってこいつを描くことに決めた。

夜、べつの一仕事を終えて、そのシラカシの枝を入れたままにしたポリ袋を開いてみると、何だか少しようすがおかしい。ドングリの数が心なしか少ないのだ。はっとして、その幼虫のいる枝を見ると、あろうことか、奴が食べていたのはシラカシの葉ではなく、未熟なドングリ！　それを丸かじりしているとは！　これには恐れ入った。ドングリを食べる蛾の幼虫なんて、聞いたことがない。未知の種だろうか？

その5日後、しばしば取材にでかける川沿いの雑木林を歩いてみた。コナラもまた、未熟なドングリをつけている。するとどうだ！そのドングリを喰い破り、内部に頭を突っ込んでいるシャクトリムシがいるではないか！今度のは灰褐色で、コナラの殻斗にそっくりである。いったい、こいつらは、何者なのだろう？

飼育してみると皆、シラカシやコナラの葉には見向きもせず、いずれもコナラのドングリをよく食べて成長し、蛹になった。

飼育をしているうちに、これは全く未知の種ではなさそうだと、うすうす気づきだした。というのも、体長40mmほどの幼虫である。成虫だって相当の大きさがあるはずで、そんなものが知られずにいるとはとうてい思えないからだ。

2009年8月15日の朝、その正体が明らかになった。羽化したのは、紛れもないカギバアオシャク！　その年の春、シラカシの新芽に巧みに変装して、その若葉を食べていたのと同一種である。

ようするに、こういうことらしい。カギバアオシャクの越冬幼虫は、春にシラカシ(あるいはコナラ？)の芽吹き頃に活動しはじめ、それを食べて育つ。この、いわば第1世代の幼虫は、餌となるシラカシの新芽そっくりの姿をしている。そうして、そこから生まれた第2世代に、シラカシやコナラの未熟なドングリを食べて育つものがいる、ということだ。しかもそれぞれ食べるものに応じて姿も変える！

しかし謎も多い。シラカシはともかく、コナラの結実は、年ごとの変動が大きい。そもそも第2世代はドングリだけを食べているのかどうか？

ともあれ、身近にこういう不思議がひそんでいるのだから、自然はやっぱり面白い。

オトシブミ

「僕の足もとになど、よく小さな葉っぱが海苔巻のように巻かれたまま落ちていますが、そのなかには芋虫の幼虫が包まれているんだと思うと、ちょっとぞっとします。けれども、こんな海苔巻のようなものが夏になると、あの透明な翅をした蛾になるのかと想像すると、なんだか可愛らしい気もしないことはありません。」

（堀辰雄『美しい村』）

文面から判断すると、この「海苔巻」はたぶんオトシブミのゆりかご（揺籃《ようらん》）のことで、「透明な翅をした蛾になる」というのは作者の勘違い。

それはそれとして、このじつにていねいにつくられた巻き物は、新緑の季節に山道を歩いていると、かならず見つかるものである。『美しい村』の作者は、足もとの小さなものに目をやりながら、まぶしい新緑の軽井沢を散歩したのだろう。

そう考えていたら、堀が歩いたのが、実際にどんな状況だったのかを知りたくなって、ある年の6月半ば、旧軽の中心部から二手橋を渡り、旧碓氷峠への山道を歩いてみた。左のスケッチはその時に拾ったもの。

なるほど、たくさんのオトシブミのゆりかごが道の上にころがっていたり、風に吹きちぎられたのか、カエデの実が、淡い黄緑色のまま翅をひろげて落ちていたりした。苔むした石垣にはクワガタソウが花盛り。オナガアゲハやカラスアゲハが地上で吸水をしている。ここには餌になるコクサギが多い。花盛りのミツバウツギにはウスバシロチョウがやってきていた。ウツギもニシキウツギもノイバラも、まだ蕾だった。

ものしりコラム

オトシブミという昆虫

オトシブミは「落し文」のことで、「公然と言えないことを匿名で書いて道などに落としておくもの」（『岩波古語辞典』）。地面に落ちている海苔巻状のものの形が「落し文」を思わせるということだろう。
オトシブミはオトシブミ科に属するゾウムシに近縁の甲虫の総称で、成虫は、植物の葉を巧みに巻いて、さまざまな形の巻き物をつくる。これを「ゆりかご（揺籃）」という。成虫は、ゆりかごをつくる過程で、重なりあった葉のあいだに産卵し、孵化した幼虫は内側の葉を食べて育つ。餌になる植物は種類ごとに異なっていて、ヒメクロオトシブミのように、ノイバラやフジ、コナラなど多くの植物を食べるものや、エゴツルクビオトシブミのようにエゴノキしか食べないものもいる。ゆりかごの形もさまざまで、できあがったものを切り落とすものもいれば、枝にぶら下げたままのものもいる。オトシブミ（ナミオトシブミ）のように、両方のタイプのゆりかごをつくる種類もいる。イタヤハマキチョッキリという美しい種は、たくさんの葉を重ねあわせて、大きなゆりかごをつくる。

オトシブミの仲間は、それぞれ好みの植物があって、種ごとに特徴的な細工のしかたで、さまざまな形の揺籃をつくりあげる。

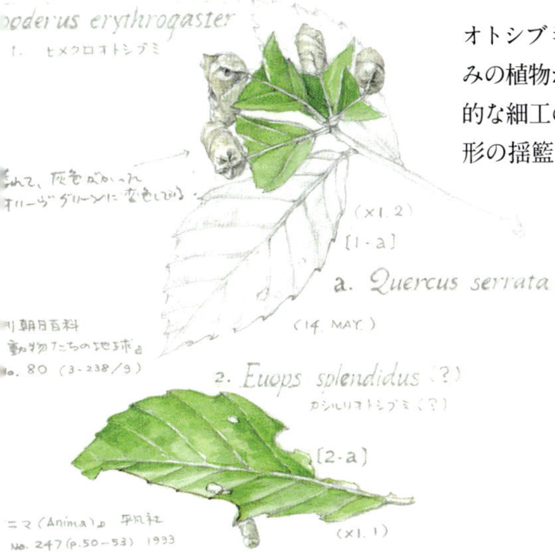

oderus erythrogaster
1. ヒメクロオトシブミ
(×1.2)
[1-a]
a. Quercus serrata
(14. MAY.)
2. Euops splendidus (?)
カシルリオトシブミ (?)
[2-a]
(×1.1)

オトシブミ(ナミオトシブミ)Apoderus jekeliiの揺籃と成虫。
イタヤハマキチョッキリ Byctiscus venustusの揺籃と成虫。

完成した揺籃は切り落とす、とあるが、これはくっついたままだった。

(×1.0)
b. Carpinus laxiflora
[3-b]
[4-b]
(×1.0)
(15. MAY)

これはマルムネチョッキリ *Chonostropheus chujoi*らしい。

オトシブミ(ナミオトシブミ)*Apoderus jekelii*の揺籃と成虫。

イタヤハマキチョッキリ *Byctiscus venustus*の揺籃と成虫。

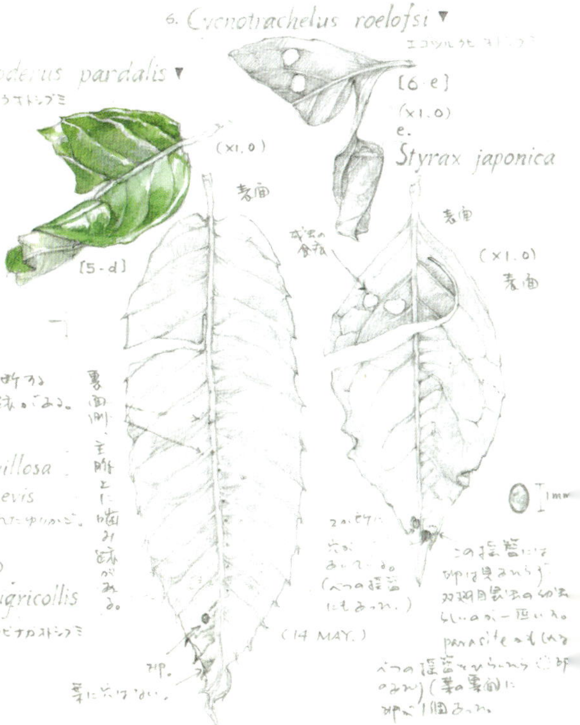

6. Cycnotrachelus roelofsi
[6-e]
(×1.0)
e. Styrax japonica
5. Paroplapoderus pardalis
[5-d]
(×1.0)
(14. MAY.)

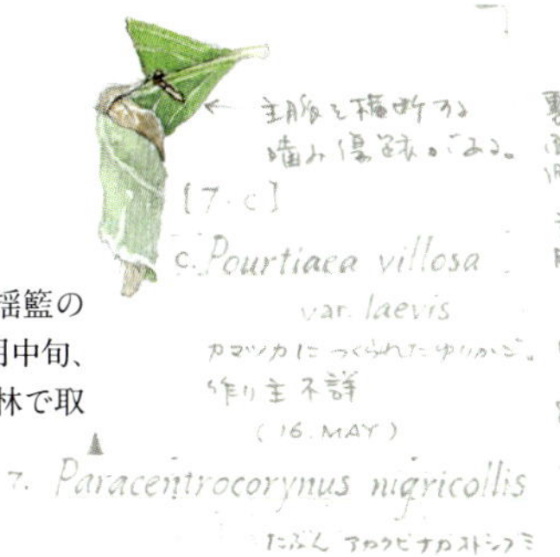

[7-c]
c. Pourtiaea villosa
var. laevis
(16. MAY)
7. Paracentrocorynus nigricollis

オトシブミの仲間の揺籃のスケッチ(1998)。5月中旬、宇都宮市郊外の雑木林で取材した。

虫こぶ

ケヤキハフクロフシ
ケヤキヒトスジワタムシ
Paracolopha morrisoni
による虫こぶ。

コブハバチ
Pontania sp. の一
種による虫こぶ。

ヤナギエダコブフシ
ヤナギコブタマバエ
Rabdophaga salicis
による虫こぶ。

寄主はシロヤナギなど。

コブハバチの
一種による虫こぶ。

その形状からオークアップル(Oak apple)としてよく知られている。

断面

ナラメリンゴフシ
ナラメリンゴタマバチ *Biorhiza nawai*
による虫こぶ。

金平糖のように突起があるものと、そうでないものとがある。

バラハタマフシ
バラハタマバチ
Diplolepis japonica
による虫こぶ。

コナラの葉の球状の虫こぶ。

イヌブナの葉裏の
球状の虫こぶ。

ブナハマルタマフシ
ブナマルタマバエ(学名不詳)による虫こぶ。

エゴノネコアシ
エゴノネコアシアブラムシ
Ceratovacuna nekoashi による虫こぶ。
「猫足」とは言い得て妙。

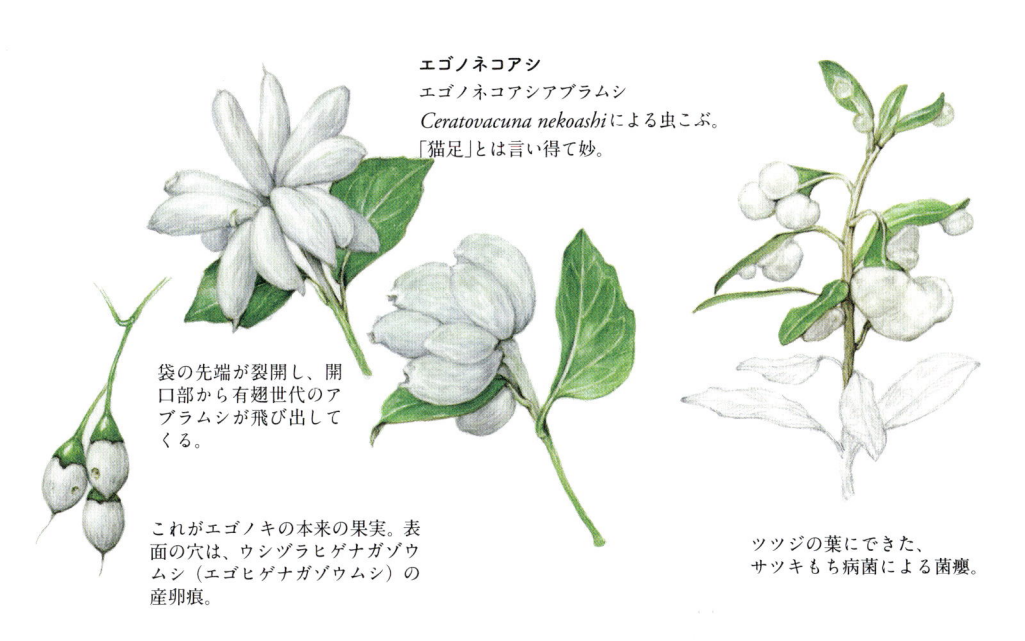

袋の先端が裂開し、開口部から有翅世代のアブラムシが飛び出してくる。

これがエゴノキの本来の果実。表面の穴は、ウシヅラヒゲナガゾウムシ（エゴヒゲナガゾウムシ）の産卵痕。

ツツジの葉にできた、
サツキもち病菌による菌癭。

樹木の枝先や葉に、奇妙な形の膨らみができているのを、しばしば目にする。時にそれは、赤く色づいて、あたかも果実のように見えたりもする。こんなところに実ができるはずもないのに……と不思議に思う人もいるだろう。

それらはたいがい「虫こぶ」。虫癭《ちゆうえい》ともいう。これは昆虫によって形成されたものだ。昆虫のなかには、植物に寄生するものがあって、寄生された部位が瘤状に膨らむのだ。

瘤状の膨らみの内部は中空だったり、スポンジ状だったりするが、いずれにしてもそこには寄生者である昆虫が暮らしていて、その植物の組織や汁液を餌として成長する。

寄生する昆虫は、アブラムシだったり、ハエの仲間だったり、ハチの仲間だったり、あるいはゾウムシだったりとさまざま。寄生される植物、つまり虫こぶのできる植物もいろいろだ。寄生者と寄主とのあいだには、密接で特異的な対応関係がある。微小な昆虫が多く、生活史も未解明な部分がたくさんあるようだ。

瘤状の膨らみは、昆虫やダニなどの節足動物以外によってつくられることもある。ツツジ類の葉にできるサツキもち病菌によるものが、その代表例。これはしたがって「虫こぶ」ではない。これらをひっくるめて指すには「ゴール(gall)」という言葉が便利だ。

このページでとりあげたもの以外にも、アカシデやイヌシデにできる虫こぶ(→p.21)や、ノブドウ、マタタビ、ヌルデなどにできるもの(『野の花さんぽ図鑑　木の実と紅葉』)あるいはヨモギやクズ、イノコヅチなど、数多くの植物に、色や形も多種多様な虫こぶができる。

訪花昆虫

樹木の花は、その蜜や花粉でたくさんの昆虫を養っている。それとひきかえに、昆虫は花粉の媒介の役を担う。

早春に咲くキブシやバッコヤナギの花の蜜は、冬越しから目ざめたばかりの昆虫にとってはなくてはならない食料。

4-a

5-a

1 **スギタニルリシジミ**　*Celastrina sugitanii*〔**シジミチョウ科**〕
　幼虫はトチノキやミズキの花や蕾を食べる。
2 **トラフシジミ**　*Rapala arata*〔**シジミチョウ科**〕
　幼虫はフジやウツギの花や蕾を食べる。
3 **コツバメ**　*Callophrys ferrea*〔**シジミチョウ科**〕
　幼虫はガマズミ、ツツジの花や蕾を食べる。
4 **テングチョウ**　*Libythea celtis*〔**テングチョウ科**〕
　幼虫はエノキの葉を食べる。
5 **イカリモンガ**　*Pterodecta felderi*〔**イカリモンガ科**〕
　シダの仲間のイノデを食べる。
　（＊図中のaは翅の表、bは裏）

イカリモンガは昼間に活動する蛾。翅を立てて止まり、何故だか、テングチョウによく似ている。

トラフシジミは春と夏に成虫が現れる。コツバメやスギタニルリシジミは春にだけ現れる。

2-a

3

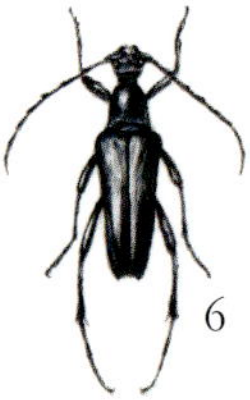
6

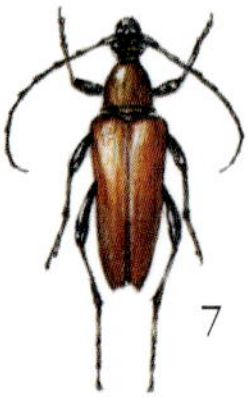
7

ミズキやガマズミ、コゴメウツギやノリウツギなどの花には、さまざまなカミキリムシの仲間がやってくる。昔はあれほどたくさん見かけた美しいミドリカミキリ。いったいどこに消えてしまったのだろう？

9

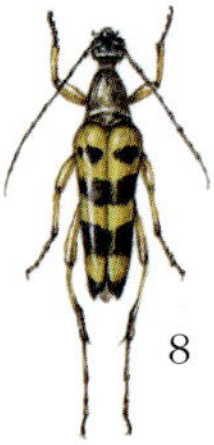
8

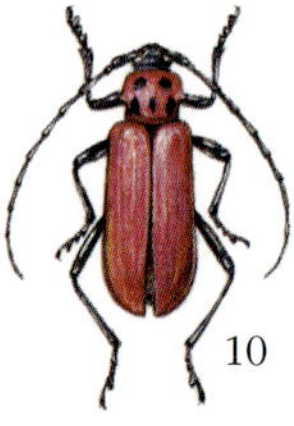
10

6 **クロハナカミキリ**　*Leptura aethiops*
7 **アカハナカミキリ**　*Corymbia succedanea*
8 **ヨツスジハナカミキリ**　*Leptura ochraceofasciata*
9 **ミドリカミキリ**　*Leontium viride*
10 **ベニカミキリ**　*Purpuricenus temminckii*
　幼虫はタケを食害する。
（6〜10はすべてカミキリムシ科）

♂

11

雌雄で色やもようが異なる種類も多い。

14

17

♀

15

16

18

12

エゴノキやノイバラ、スイカズラ、クリなどの花にもたくさんの昆虫がやってくる。これはそのほんの一部。

13

昼間に活動する蛾もいる(5, 16～19)。トラガやコトラガは敏捷に飛翔、キンモンガはひらひらと舞う。

11 **ルリシジミ**　*Celastrina argiolus*〔**シジミチョウ科**〕
幼虫はフジやミズキの花や蕾を食べる。

12 **オオミドリシジミ**　*Favonius orientals*〔**シジミチョウ科**〕
幼虫はコナラ、ミズナラ、クヌギなどの葉を食べる。

13 **アカシジミ**　*Japonica lutea*〔**シジミチョウ科**〕
幼虫はクヌギやコナラの葉を食べる。

14 **アオバセセリ**　*Choaspes benjaminii*〔**セセリチョウ科**〕
幼虫はアワブキの葉を食べる。

15 **ダイミョウセセリ**　*Daimio tethys*〔**セセリチョウ科**〕
幼虫はヤマノイモやオニドコロの葉を食べる。

16 **キンモンガ**　*Psychostrophia melanargia*
〔**アゲハモドキガ科**〕
幼虫はリョウブの葉を食べる。

17 **コトラガ**　*Mimeusemia persimilis*〔**ヤガ科**〕
幼虫はヤブカラシなどを食べる。

18 **トラガ**　*Chelonomorpha japana*〔**ヤガ科**〕
幼虫はサルトリイバラやシオデの葉を食べる。

19

♂

20

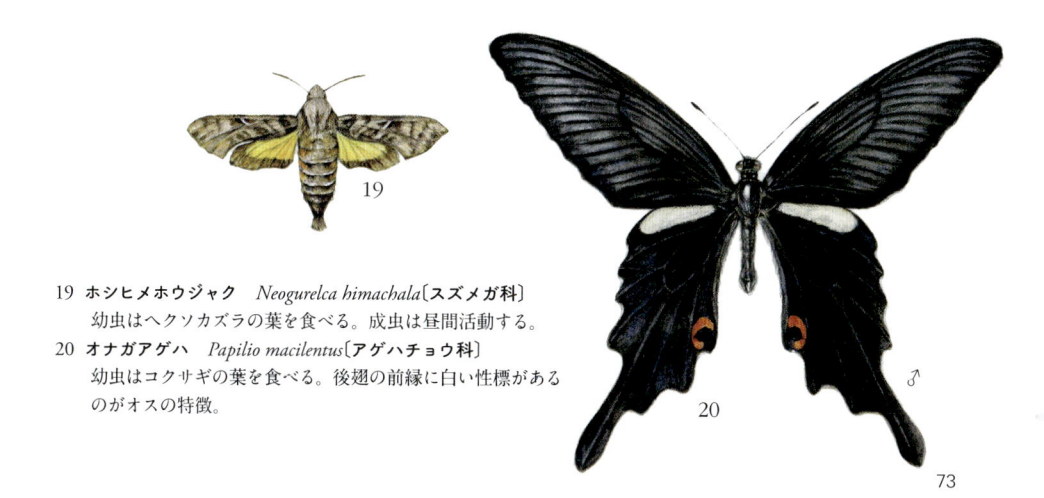

19 **ホシヒメホウジャク**　*Neogurelca himachala*〔**スズメガ科**〕
幼虫はヘクソカズラの葉を食べる。成虫は昼間活動する。

20 **オナガアゲハ**　*Papilio macilentus*〔**アゲハチョウ科**〕
幼虫はコクサギの葉を食べる。後翅の前縁に白い性標があるのがオスの特徴。

花のまわりで蝶が舞う

5月も半ば頃になると、平地の雑木林では、樹木の葉はすっかり大きくなり、樹冠は日増しに繁ってくる。

カタクリやニリンソウや数々のスミレの花が咲いていたのは、ほんのひと月前だったが、様相はだいぶ変わった。

とはいえ、下草はまだ繁りきらず、森の中を歩くには、そんなに不都合はない。異様な姿のマムシグサに混じって、白いろう細工のようなギンリョウソウが見つかるのもこの頃である。

山道には、ていねいにつくられた葉巻き状のものが落ちていたりする。オトシブミの仲間のゆりかごだ(→p.68)。

葉を食べて成長したイモムシは、色とりどりの蝶や蛾に変身し、マルハナバチやカミキリムシやハナムグリに混じって、香りのよい花々のまわりを飛びかう。

落葉樹よりも少し遅れて、常緑樹が芽吹くのもこの時期だ。5月の末の頃、海辺の林ではタブノキの瑞々しい若葉が芽吹く。香りのよいトベラの花が咲くのもこの頃。砂浜では、ハマヒルガオが群れて咲いているのを見られるはずだ。

卯の花が咲いて、ホタルが飛びかい、カッコウやホトトギスの声がこだまする季節でもある。

茨城県高萩の海岸。左手の少し赤みを帯びた黄緑色はタブノキの若葉。

スイカズラ

Lonicera japonica〔**スイカズラ科**〕

日本の在来の野生植物の中でも、とりわけ魅力的な香りで親しまれている花だ。ノイバラが咲くのとだいたい同じ頃、日あたりのよい草むらや林縁部で、とろけるような甘い香りの花が咲く。

ニセリンゴカミキリ

Oberea mixta〔**カミキリムシ科**〕

長い触角と細長い胴体、というのがカミキリムシの仲間の一般的な特徴といえるが、大きさも色彩もさまざまで、日本だけでも数百種類がいるという。

ニセリンゴカミキリはスイカズラの主脈を裏面から食べる(→p.63)。灰色の翅をひろげると、美しい橙黄色の腹部があらわになる。よく似たリンゴカミキリは、サクラの仲間を食べる。

コトラガ

Mimeusemia persimilis〔**ヤガ科**〕

昼間に活動する美しい蛾だ。非常に活発敏捷に飛びまわり、各種の花の蜜を吸う(→p.73)。

白い小さな花が密に咲く

平地から山地の夏緑林で普通に見られる落葉高木。平地では5月上旬から、山地では6月初め頃に花が咲く。枝が大きく横にひろがるので、その樹形から、他種と見分けやすい。葉は互生。よく似たクマノミズキは葉が対生し、花期はひと月くらい遅い。花弁は4枚、おしべは4本。ヤマボウシやハナミズキと同じ属。葉は卵形で全縁。葉柄が長く、側脈が葉縁に沿うように湾曲しながら先端へ向かう。

ミズキ
Cornus controversa〔ミズキ科〕

ミズキの葉を食べる昆虫も多い。中でも風変わりなのがいる。体じゅうを白い綿毛で覆いつくしているイモムシ——というより、それかどうかもわからない正体不明の姿の物体——が葉の上で見つかることがある。
これはアゲハモドキという蛾の幼虫。成虫はジャコウアゲハそっくりのセピア色の蛾だ。幼虫自体は何の変哲もない淡緑色のイモムシだが、体の背面の腺から白い分泌物を出して、全身を覆いつくす。これがまた、とても不快な臭いがするのだ。
成虫は、味の悪いジャコウアゲハに擬態しているというが、アゲハモドキ自身、とてもまずいのではないかしら？

コゴメウツギ
Stephanandra incisa〔バラ科〕

明るい林縁などにごく普通に生える落葉低木。葉はモミジイチゴのそれに似ているが、棘はない。へら状の花弁が5枚、卵円形の萼片が5枚で、ともに白色。ハナアブやハナバチ、小型のハナカミキリなどがやってくる。名前は「ウツギ」でも、分類学上のウツギの仲間ではない(→p.86, 87)。

フジの花が咲き終る頃、平野部では徐々に、春の花から初夏の花へと入れ替わってくる。木々の葉も日増しに色濃くなり、形も整ってくる。この時期には、白い花の咲く樹木が多い。ひとつひとつの花は小さいが、密集して咲くと、それ相応の大きさになる。花の形は、たとえばフジやスイカズラのような特別な形ではなくて、どれも単純で互いに似かよっている。おしべもめしべも露出していて、蜜を求めてやってきた昆虫が、その上を歩きまわれば、いやが応でも体に花粉がつき、そのまま別の花に運ばれていく。

実際、ミズキやコゴメウツギ、ガマズミなどには、さまざまな種類の昆虫がやってくる。なかでもコゴメウツギなど、こんなちっぽけな花のどこにそれほどの魅力があるのかと思うほど、人気(虫気、というべきか？)が高い。

花序の苞が目立ち、
果時にも残存。
長さ7〜8cmの上向きの花序に、数個の白い花が咲く。
形の整った重鋸歯がきれいに並ぶ。

ミヤマザクラ

Cerasus maximowiczii〔**バラ科**〕

標高1000mほどの山地では5月下旬はちょうど新緑の季節。ズミやウワミズザクラなどとほぼ同じ頃、ミヤマザクラも咲く。一見して、あまりサクラらしくない。

ごわごわした感じの葉には、
細かく鋭い鋸歯がある。
花柱は3個。

カマツカ

Pourthiaea villosa〔**バラ科**〕

林縁部などに生える落葉小高木。和名は「鎌柄」で、丈夫で折れにくいからだという。「ウシコロシ」という物騒な別名もある。ついでにいえば、サワフタギの別名は「ルリミノウシコロシ」。

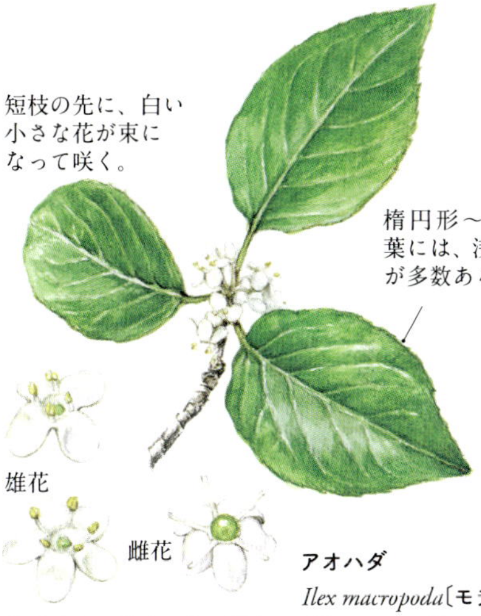
短枝の先に、白い小さな花が束になって咲く。
楕円形〜卵形の葉には、浅い鋸歯が多数ある。
雄花
雌花

アオハダ

Ilex macropoda〔**モチノキ科**〕

落葉高木。雌雄異株。樹皮は灰色っぽく、枝をひっかくと、内皮の緑色が見えるので、この名がある。花冠は5裂、稀に4裂。雄花には5本のおしべと1本の退化しためしべが、雌花には1本のめしべと5本の退化したおしべがある。

めしべ
おしべは花弁よりも長い。

サワフタギ *Symplocos sawafutagi*〔**ハイノキ科**〕

やや湿った林などに生える落葉低木〜小高木。白い小さな花には、多数の長いおしべがあり、何とも描きにくい花である。秋にみのるコバルトブルーの果実は美しい。

装飾花のある花

オトコヨウゾメ

ガマズミの仲間には、装飾花のあるものとないものとがある。オオカメノキ(→p.37)もこの仲間だ。

両性花
装飾花（表）
萼片
花弁
（裏）
ヤブデマリ

ガマズミ

ガマズミの花には装飾花はない。

ヤブデマリやカンボクの花はアジサイの仲間(→p.108)に似ているが、互いに縁遠い。

両性花
装飾花
（裏）
カンボク

オトコヨウゾメ　*Viburnum phlebotrichum*〔**スイカズラ科**〕

雑木林の林縁や林内に生える落葉低木。花はまばらだが、秋に赤熟する果実ともども可愛らしい印象がある。

ガマズミ　*V. dilatatum*〔**スイカズラ科**〕

明るい林縁などに生える落葉低木。葉は卵円形で、葉柄に毛が密生する。ガマズミの仲間はみな、葉は対生。花冠は5裂し、おしべは5本、めしべが1本。

ヤブデマリ　*V. plicatum* var. *tomentosum*〔**スイカズラ科**〕

湿った林内に多い落葉低木～小高木。装飾花は花冠が5裂し、そのうちのひとつの裂片が著しく小さい。夏の終わりに、果実は赤から黒に変化し熟す(→p.123)。

カンボク　*V. opulus* var. *sargentii*〔**スイカズラ科**〕

山地の湿地や湿った林内に生える落葉小高木。3裂する葉が特徴。両性花のおしべの葯は暗紫色。テマリカンボクは、この園芸品種で、すべての花が装飾花になったもの。

ものしりコラム

花を目立たせる工夫――装飾花

おしべやめしべを備え、受粉して結実するという本来の機能を失って、花粉の媒介を担う昆虫を招くために、いわば看板の役割を果たすのが装飾花だ。ヤブデマリやカンボク、オオカメノキの装飾花は、花序の周辺部の花の花冠が大きくなったもの。アジサイの仲間(→p.108)は、形は似ているが、こちらは萼片が変化したものだ。ヤマボウシやハナミズキは、花序の基部の総苞片が花弁状に変化したもので、これまた別のやり方でつくった看板。マタタビの白い葉(→p.106)も目的は同じだ。

ハナミズキ（アメリカヤマボウシ）
Corus florida〔**ミズキ科**〕
花期はヤマボウシより早く、総苞片の先がくぼむ。北米原産。

総苞片が紅色のものもある。

ヤマボウシ
C. kousa〔**ミズキ科**〕
山地の夏緑林に生える落葉高木。葉は対生。花序の基部にある2対(4枚)の白い大きな総苞片がよく目立つ。個々の花は小さく、30～40個が密集して、球状の花序になる。総苞片の先がとがるのが、ハナミズキとの違いのひとつ。

これが1個の花。30～40個、密に集合する。

ひっそりと咲く花

ニシキギの仲間(*Euonymus*属)は、どれも皆、葉が対生する。

ひと月ほど経つと、こんな形の未熟な果実になる。

ニシキギ　*Euonymus alatus*〔**ニシキギ科**〕

雑木林の林縁などに生える落葉低木。葉は先のとがった楕円形で、縁に浅い鋸歯があり、葉柄は短い。花は黄緑色で花弁は4枚。

マユミ　*E. sieboldianus*〔**ニシキギ科**〕

花は地味だが、白緑色の花弁と、おしべの葯の暗紫色とのとりあわせがチャーミング。花弁は4枚。

ツリバナ　*E. oxyphyllus*〔**ニシキギ科**〕

主に山地に生える落葉低木。下垂する長い花序軸の先に、数個の花が咲く。その姿から「吊り花」。花弁は5枚。

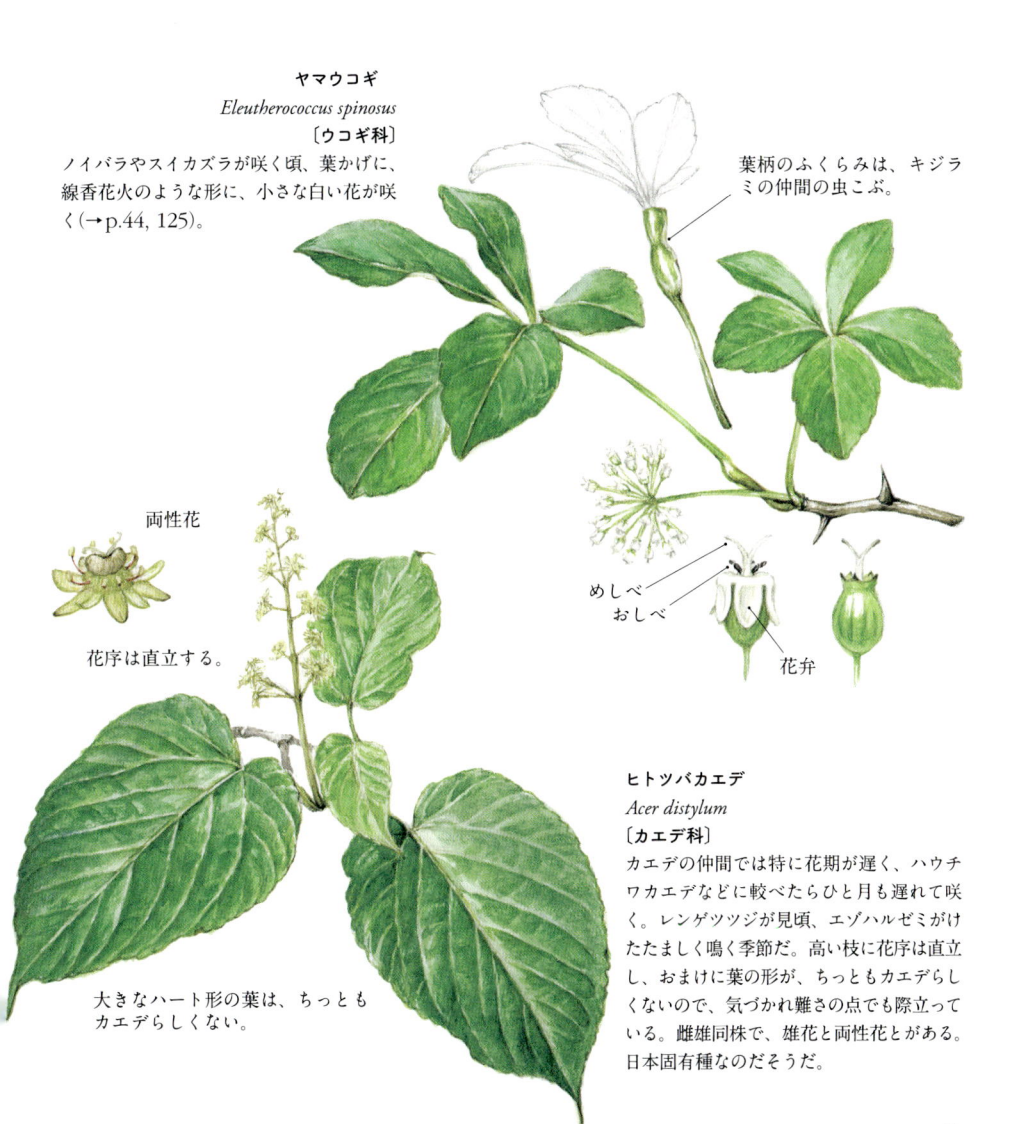

ヤマウコギ

Eleutherococcus spinosus

〔**ウコギ科**〕

ノイバラやスイカズラが咲く頃、葉かげに、線香花火のような形に、小さな白い花が咲く（→p.44, 125）。

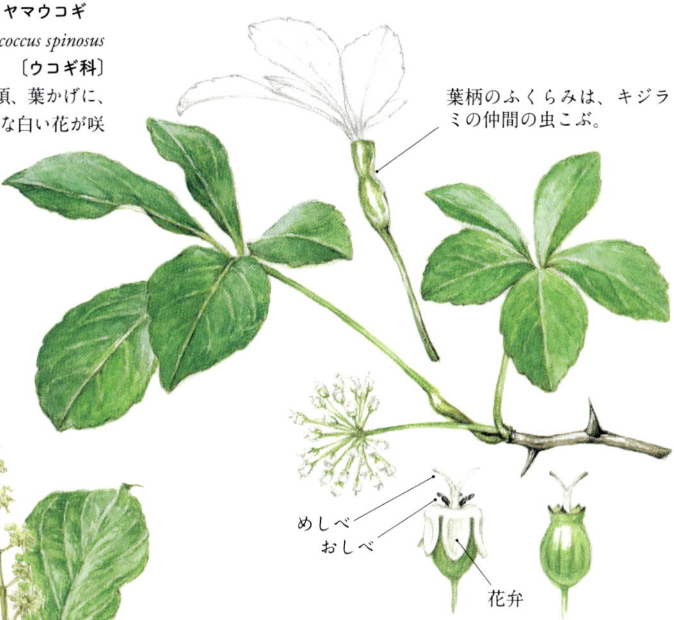
葉柄のふくらみは、キジラミの仲間の虫こぶ。
めしべ
おしべ
花弁

両性花
花序は直立する。
大きなハート形の葉は、ちっともカエデらしくない。

ヒトツバカエデ

Acer distylum

〔**カエデ科**〕

カエデの仲間では特に花期が遅く、ハウチワカエデなどに較べたらひと月も遅れて咲く。レンゲツツジが見頃、エゾハルゼミがけたたましく鳴く季節だ。高い枝に花序は直立し、おまけに葉の形が、ちっともカエデらしくないので、気づかれ難さの点でも際立っている。雌雄同株で、雄花と両性花とがある。日本固有種なのだそうだ。

バラ科の灌木

ノイバラ　*Rosa multiflora*
小ぶりの花を密にたくさん咲かせ、芳香を放つ。しばしば花弁が淡紅色を帯びたものがある。多数のおしべにとり囲まれて、花の中央に、数個のめしべが一体化してつき出ている。子房は壺形の萼筒に包み込まれている。種小名は「たくさんの花をつける」の意。

ノイバラ

雑木林を少し離れて、川岸や明るい土堤の草むらのそばを歩いてみよう。大きな繁みをつくって、まっ白いノイバラの花の群れが、あたりに甘い香りを漂わせているだろう。堀辰雄の『美しい村』には、そのノイバラ（作品の中では「野薔薇」と書かれている）が繰り返し印象的に描かれているのはごぞんじの通り。

平野部では5月半ば頃に咲くが、軽井沢あたりでは6月下旬、札幌でも6月下旬～7月初め頃が花の盛りだ。

ナワシロイチゴのピンク色の花が咲くのもちょうどこの頃。カッコウやホトトギスが啼いて、にぎやかな季節である。

テリハノイバラ

テリハノイバラ　*R. wichuraiana*
海岸の岩場や河原の礫地、山道の崖などに生える。枝は地面を這い、花の咲く枝だけが立ちあがる。花の直径は3～3.5cm。香りはノイバラほど強くなく、花期は少し遅い。葉は厚みがあって光沢があるので「照葉野茨」。

このページの3種は、モミジイチゴやクサイチゴとは花の形がずいぶん違うが、これまたれっきとしたキイチゴの仲間。花弁は小さく直立したままで、平開しない。

ナワシロイチゴ *Rubus parvifolius*

明るい草むらなどに普通に見られる。丈はせいぜい30cmくらい。花のまん中につき出した、淡黄色のものがめしべの集合。薔薇色の小さな花弁は直立したままで、その花弁のすき間に、おしべの黒い葯が見え隠れしている。花が咲き終わると、萼片が閉じ、この中で果実が熟していく（→p.118）。花にはハキリバチの仲間がよくやってくる。

エビガライチゴ *R. phoenicolasius*

明るい山道などに生え、こんもりと繁る。枝や葉柄には細かい棘とともに赤い腺毛がびっしりと生え、一瞬たじろぐ。葉の裏には白い綿毛が密生するので「ウラジロイチゴ」の名もある。実は大きくてたくさん収穫できるので、見つけるとつい頬がゆるむ（→p.119）。花弁は白い。

クロイチゴ *R. mesogaeus*

山地の林縁などに生える。花はナワシロイチゴによく似ているが、花後も萼片は星形に開いたまま（→p.119）。

香りのよい花々

おしべは10本ある。

エゴノキ *Styrax japonica*〔**エゴノキ科**〕

雑木林にごく普通に見られる落葉小高木。初夏、純白の花が枝先にいくつも集まってうつむいて咲く。庇のように張り出した花盛りのエゴノキの枝の下に立つと、甘い香りがふり注いでくる。
花期を過ぎると、白い花冠は花柱だけを残してすっぽりと抜け落ち、あたり一面に散り敷く。さて、ここをどうやって通り抜けようか。英名はsnowbell tree。

連休が明けた後、二十四節気でいえば立夏から芒種の頃にかけて、平野部の野山は、花の香りで満ちあふれる。ウワミズザクラ、ホオノキ、ニセアカシア、エゴノキ、ノイバラ、スイカズラ、トベラ……。それに惹かれて、ミツバチやマルハナバチ、ハナムグリの仲間、アゲハチョウ、トラガ、コトラガ、スズメガの仲間などが、それぞれの花の構造に応じて、ひっきりなしにやってくる。

時に、花冠の外側が淡紅色のものもある。

5本のおしべは花冠と合着している。

スイカズラ *Lonicera japonica*〔**スイカズラ科**〕

蠱惑的というのか、官能をくすぐるような甘い香りを放つ。ちょうどゲンジボタルが現れるころで、夜、そのホタルを見に行った折など、闇の中に漂うその香りにつかまえられて、はっとすることがある。

細い筒状の花冠の先が大きく2つに分かれ、上の裂片は先が浅く4裂、下の1枚は舌のようにつき出す。おしべは5本。蜜は花筒の奥にあり、これにありつけるのは舌の長いトラマルハナバチやアゲハチョウやスズメガの仲間など。ミツバチはこの花の蜜には手が、ではなく舌が出せない。

イボタノキ
花冠の裂片が平開しない。
ネジキ
アセビによく似た純白の花には、ほのかな香りがある。
おしべの葯に角状の突起がある。
断面
小さな壺形の花がうつむいて咲く。
ナツハゼ

花冠の裂片が平開する。
オオバイボタ

イボタノキ　*Ligustrum obtusifolium*〔**モクセイ科**〕

川の土堤や明るい林縁などに生える落葉低木。葉は先端のまるい楕円形で、葉柄は短い。白い筒状の花が総状に咲く。

オオバイボタ　*L. ovalifolium*〔**モクセイ科**〕

海岸近くの林に生える半常緑の低木。花序はイボタノキよりもずっと大きく、葉も大型で光沢がある。4裂する花冠の裂片はほぼ平開する。イボタともども、ウラゴマダラシジミやイボタガの食餌植物。仄かな香りに誘われて、アオスジアゲハなどが訪花する。

ネジキ　*Lyonia ovalifolia* var. *elliptica*〔**ツツジ科**〕

乾いた林などに生える落葉低木。横に張り出す花序の軸に、アセビによく似た純白の花が、うつむいて整然と並んで咲く。花には仄かな香りがあって魅力的。

ナツハゼ　*Vaccinium oldhamii*〔**ツツジ科**〕

山地の林縁などに生える落葉低木。黄緑褐色の小さな壺形の花が、うつむいて咲く。野生のブルーベリーの仲間だ。

ウツギと名のつく植物

ヒメウツギ *Deutzia gracilis*〔**アジサイ科**〕
渓流沿いの岩場などに生える落葉低木。花はウツギより早く咲き、葉は質が薄く柔らかい感じ。

ウツギ *D. crenata*〔**アジサイ科**〕
日あたりのよい川の土堤や林縁などに生える落葉低木。葉はウツギよりも厚くごわごわした感じ。

バイカウツギ *Philadelphus satsumi*〔**アジサイ科**〕
ウツギとは別属。花弁、萼片とも4枚。おしべは20本くらい。観賞用に植栽されることも多い。

ミツバウツギ *Staphylea bumalda*〔**ミツバウツギ科**〕
新緑の頃に咲く白い花はウツギに似ているが、同じ仲間ではない。沢沿いなどに生える落葉低木。

ヒメウツギ

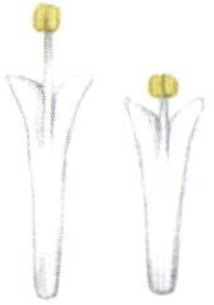

ヒメウツギもウツギも、おしべは長短5本ずつ。花糸に翼がある。

「卯の花」と呼ばれ、古くから詩歌に詠まれ親しまれてきた。梅雨入り間近の頃、郊外を走る列車の車窓から、外の景色を眺めていると、田畑の畦に、純白のウツギの花が咲いているのが目に入ってくる。土地の境界の目印にもされているようだ。

ウツギ

おしべは約20本。

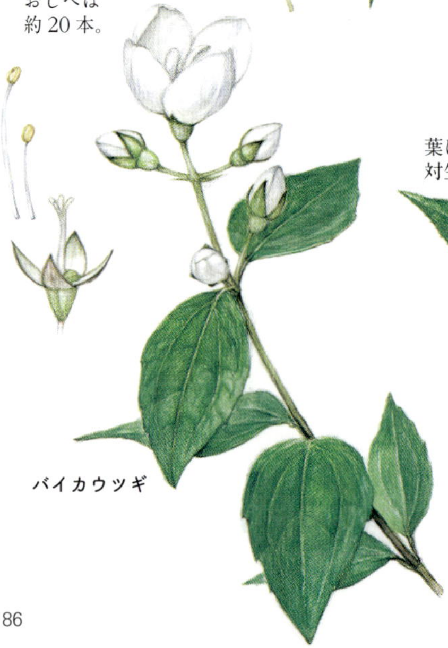

バイカウツギ

葉は三出複葉で対生する。

ミツバウツギ

ベニバナツクバネウツギ
Abelia spathulata var. *sanguinea*
〔スイカズラ科〕

おしべは長短２本ずつ。
花の断面

ツクバネウツギ　*A. spathulata*
〔スイカズラ科〕
山地の林縁などに生える落葉低木。初夏に白〜淡黄色の花が咲く。和名は、萼片が放射状にひろがった形から。関東〜中部の山地には、濃い紅色の花が咲く変種ベニバナツクバネウツギがある。

萼片

ものしりコラム

ウツギと名のつく植物

ウツギは「空木」と書き、枝が中空になるからだが、「ウツギ」と名がついていても、類縁関係が遠いものも多い。そのため、人を悩ませることもある。

ニシキウツギ　*Weigela decora*〔**スイカズラ科**〕
山地の明るい林縁などに生える落葉小高木。咲きはじめは白っぽく、やがて紅色になるので「二色空木」。桃紅色のタニウツギや、淡黄色のウコンウツギなど、よく似た種類がある。

おしべは５本。
花の色は、はじめは白っぽく、やがて紅色になる。
子房

僕は散歩の途中に見知らない花が咲いていると、一枝折ってきては宿屋の主人にその名前を訊くようにしていたが、どれを見せても、宿屋の主人は「それもウツギの一種です」と言うものだから、しまいには、可い加減のことばかり言うのだろうと思つて、もう訊かないことにした。そうして東京から「原色高山植物」というものを取りよせて、それで調べて見たが、僕が宿屋の主人に見せた花はやはりいづれもウツギの一種だつたのでびっくりした。もっとも、ベニウツギだとか、バイカウツギだとか、さまざまな特有の名前がついてはいたが……。（堀辰雄『フローラとフォーナ』）

堀が暮らした軽井沢には、ミツバウツギもウツギもニシキウツギもある。彼が好んだ小さな石仏のある追分の泉洞寺には、立派なニシキウツギの古木があって、6月の末に訪れた時には、ちょうど花の見頃だった。

大きな花序の花

カツラやサワグルミ(→p.144)とともに、山地の渓畔林を構成する落葉高木。淡黄色の花が、大きな円錐花序をつくる。花は蜜源植物としても重要。葉は大きな掌状複葉。公園に植えられたり、街路樹として使われたりする。英名はhorse chestnut、マロニエ(marronier)はフランス語。

トチノキ
Aesculus turbinata〔**トチノキ科**〕

キリ
Paulownia tomentosa〔**ゴマノハグサ科**〕
淡紫色の大きな筒状の花は、花冠の先が5裂する。全体として大きな花序をつくるので、花盛りは見事だ。ねっとりした甘い香りの花は、普段は手の届かない高いところで咲いているが、ぽたぽたと地上に落ちてからも芳香を放っている。花冠や萼片には腺毛が密生し、触れるとねばねばする。山の中で、野生化したものをしばしば見かけるが、日本の在来種ではなく、古い時代に中国からもたらされたもの。材はたんすなどに利用され、そのために栽培していたところも多い。種小名は「綿毛が密生した」の意。

ジャケツイバラ

Caesalpinia decapetala var. *japonica*

〔ジャケツイバラ科〕

鮮やかな明るい黄色の花をたくさんつけ、大きな花序をつくる。新緑に映えて、遠目にもよく目立ち、ああ、こんなところにあったのか、と気づく。
常磐道の日立付近はトンネルの多い区間。ある年の5月末、そこを通りかかったら、いくつかのトンネルの出入口付近の斜面に、今を盛りと咲いているのを見たことがある。

5枚の花弁のうち1枚が小さく、特別な形をしている。
萼片は5枚。種小名は「花被片が10枚ある」の意。
葉は2回偶数羽状複葉。

谷間や山の斜面の崖などに生える落葉性のつる性木本。花はきれいだが、身近にあるとやっかい極まりない植物で、枝といわず葉柄といわず、鉤状の鋭い棘がたくさんあって、これで他のものにひっかかって伸びていく。不用意に枝に触れようものなら、たいへんな目に遭う。慌ててもがけばもがくほど、別の枝葉の棘が襲いかかってきて、状況は悪化の一途を辿り、傷だらけになるのは必定。用途：盗賊除け。

ホオノキの仲間

タイサンボク
Magnolia grandiflora〔**モクレン科**〕

「泰山木」という字面からは東洋的な匂いがするが、北米原産の常緑高木。梅雨の頃に、ホオノキに似た大きな花が咲く。楕円形の大きな葉は厚い革質で光沢がある。裏面には褐色毛が密生する。庭や公園に植栽されている。花には、ホオノキほどの香りはない。

ホオノキ　*M. hypoleuca*〔**モクレン科**〕

身近に見られる野生の樹木の中で最大の花を咲かせる。花の直径は15cmほどになり、葉も、単葉のものとしては最大級で、長さ40cmほどにもなる。夏緑林に生える落葉高木。初夏、白い大きな花が咲き、強い芳香を放つ。風向きによっては香りは遠くまで届き、それによって存在に気づくことがある。乳白色の花被片は9枚。棍棒状の多数のおしべが、中央のめしべ群をとり囲む。
花被片をホワイトリカー等に漬けると、よい香りのホオノキ酒ができる。

ユリノキ
Liriodendron tulipifera
〔**モクレン科**〕

英名をtulip treeというように、チューリップの花に似た形の淡黄緑色の花が咲く。花被片の基部近くに、橙黄色のもようがある。葉の形が特徴的で、「半纏木《はんてんぼく》」の名もある。北米原産の落葉高木で、街路樹、公園樹として植えられ、一部で野生化したものも見られる。

カシの仲間

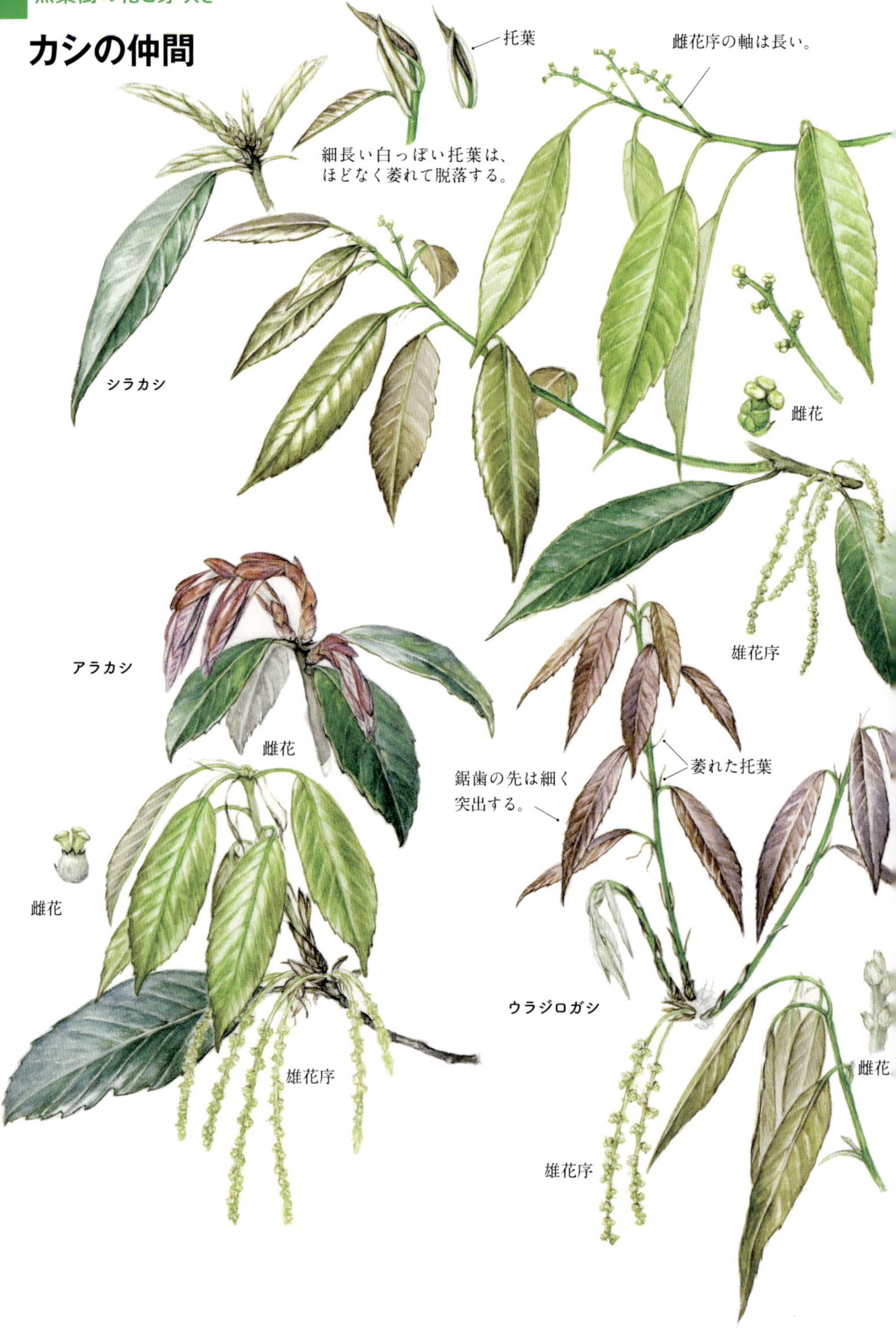
托葉
雌花序の軸は長い。
細長い白っぽい托葉は、
ほどなく萎れて脱落する。
シラカシ
雌花
雄花序
アラカシ
雌花
雌花
鋸歯の先は細く
突出する。
萎れた托葉
ウラジロガシ
雄花序
雄花序
雌花

雌花序
前年の花から生じた
未熟な果実。
雄花序

アカガシ

Quercus acuta〔**ブナ科**〕

西日本の山地に多いのだそうで、関東の平野部では見られない。つい数年前、日光山内に、植栽されたとおぼしき大木を見つけ、所有者の許可を得て取材させてもらった。

若葉や花序の軸に、淡褐色のほこりのような毛が密生する。葉は全縁で葉柄が長い。開花した翌年の秋に結実する。

シラカシ　*Q. myrsinaefolia*〔**ブナ科**〕

関東の内陸平野部ではこれが一番多く、防風などのための屋敷林として植えられてもいる。かつては関東平野一帯に、シラカシやアラカシなどの照葉樹林がひろがっていて、それが伐り拓かれて、コナラやクヌギ、アカマツなどの二次林に置き換えられていったと考えられている。芽吹きは、アラカシやウラジロガシよりも遅い。雌花序の軸が長いのも特徴。

アラカシ　*Q. glauca*〔**ブナ科**〕

葉はシラカシよりも幅がひろく大きい。雌花は、新しい枝のてっぺん近くの葉腋につく。

ウラジロガシ　*Q. salicina*〔**ブナ科**〕

葉はシラカシに少し似ているが、鋸歯の先が細く突出し、成葉の裏面はろうを塗ったように白い。ドングリは開花の翌年の秋に結実する。

＊カシの仲間の見分け方については、『野の花さんぽ図鑑　木の実と紅葉』参照。

スダジイとマテバシイ

　スダジイの花の香りにつつまれると、ああ照葉樹林に入ったなぁ、と思う。同じブナ科のカシの仲間とは違って、これは虫媒花。公園によく植栽されているマテバシイも同様で、ともにクリの花によく似た香りがある。

スダジイ
Castanopsis cuspidata var. *sieboldii*〔**ブナ科**〕
照葉樹林の構成種。海岸近くに多い。雄花と雌花とが別々の花序につき、新しい枝の先のほうの葉腋から雌花序が、基部近くの葉腋から雄花序が生じる。虫媒花でクリに似た芳香がある。開花の翌年の秋に結実する。変種ツブラジイは、堅果が小さい。
神社や公園に植栽されていることも多い。

栃木県南東部、益子町の高館山には、県内では数少ない照葉樹林がある。
中腹の西《さい》明《みよう》寺《じ》の石段の両側や本堂の裏手には、大きなスダジイやツクバネガシ、ウラジロガシ、アラカシなどからなる林があり、照葉樹林を特徴づけるヤブツバキやサカキ、モチノキ、リンボク、イタビカズラなどを見ることができる。陶器の町として知られているが、植物好きにとっても、このあたりは興味深いところだ。

西明寺のスダジイ林と楼門

雌花序
雄花
雌花
雌花
雄花序
3cmほどにもなる大きなドングリは食用になる。
ドングリがみのる頃、その年の春に咲いた雌花はまだまだ小さな姿のまま。

マテバシイ

Lithocarpus edulis〔**ブナ科**〕

暖地の海岸に生える。本来の自生地は九州以南なのだそうだが、各地の公園に植栽されていて、目にする機会は多い。

梅雨入りの頃にクリに似た花が咲く。雌花序の上部には雄花がつくことが多い（左図）。ドングリは開花の翌年に結実するので、花の時期には、前年の花から生じた生育途上の未熟なドングリを見ることができる。明るいレンガ色の、存在感のある大きなドングリは食用になる。葉は厚く、全縁。

照葉樹の芽吹きの時期

シイやカシなどの照葉樹の芽吹きは、雑木林のコナラやシデの仲間に較べるとだいぶ遅い。

平野部では、フジの花盛りの頃に、アラカシやウラジロガシが芽吹き、花が咲き出す。シラカシはそれよりも遅れて、ホオノキやニセアカシアが咲く頃に展葉して花が咲く。シラカシが、北関東の内陸に多いのは、芽吹きの遅さ故に霜害を受けにくいからだろうか？　開花の時期も、個体ごとのばらつきが多いように思う。

スダジイやマテバシイはさらにそのあと、5月下旬から6月初め頃に花盛りとなる。

クスノキ科の樹木

クスノキ科の樹木は、
照葉樹林の重要な構成員。

クスノキ

鮮やかな紅色の若葉は
美しく印象的だ。

タブノキ

淡黄褐色の毛を密生し、
絹状光沢がある。

シロダモ

花は晩秋に咲き、翌年の
秋に果実は赤熟する。

6月頃の未熟果。

クスノキ　*Cinnamomum camphora*

暖地に生える常緑高木で、各地の神社などに植えられていて馴染みの深い樹木。が、しかし本来の自生地は日本にはないようだ。淡い黄緑色の若葉が芽吹いたあとに、細長い柄の先に白っぽい、小さな花がいくつか、まとまって咲く。材から、芳香のある樟脳(camphor)を採り、防虫剤などに利用された。興奮剤、強心剤の原料としても用いられるのだそうで、「カンフル剤」というのは、つまりこのcamphor製剤のこと。(樟、または楠)

タブノキ　*Machilus thunbergii*

暖地の海岸林をつくる常緑高木。灰褐色の太い枝がうねうねと伸び、豪壮な姿になる。トベラ(→p.98)やシャリンバイの花が咲く頃、紡錘形の芽がほころび、黄緑色の花が咲いて、若葉が伸び出してくる。若葉は鮮やかな紅色を帯びてとても美しく、遠くからでも目立つ。特有の香りのある花は、やがて夏に黒紫色の果実をつける。アオスジアゲハの幼虫は、このタブノキやクスノキ、シロダモなど、クスノキ科の植物の葉を食べて育つ。

シロダモ　*Neolitsea sericea*

暖地に生える常緑高木。耐寒性が強いのだそうで、北関東の内陸平野部でも見られる。芽吹いたばかりの若葉は淡黄褐色のうぶ毛を密生し、絹状光沢がある。うぶ毛をまとった若葉は、クスノキやタブノキとは趣きがだいぶ違うが、これまた人目をひくものだ。成葉の裏面は、ろうを塗ったように白っぽいのが特徴。花は晩秋に咲き、翌年の秋に果実は赤く熟すので、花と果実が同時に見られることになる。

クスノキの大木

神社や公園などに植えられて、大木となったものが各地にある。以前、福岡の太宰府天満宮の境内で見たものも立派だったが、それを遥かに凌駕するようなものがいくつもあるようだ。

益子町西明寺のクスノキの大木は、栃木県の天然記念物になっているが、大きさの点でいえば、まだまだ序の口といったところだろう。

常緑樹の白い花

シャリンバイ
Raphiolepis indica var. *umbellata*〔**バラ科**〕
海岸に多い常緑低木～小高木。公園や道路の中央分離帯に植えられたりする。5月頃に白い花が咲く。「車輪梅」。

トベラ　*Pittosporum tobira*〔**トベラ科**〕
暖地の海岸に生える常緑高木。5月下旬頃、光沢のある緑の葉に囲まれて、白い花が甘い香りを放って咲く。近くのタブノキで育ったアオスジアゲハが吸蜜に訪れるところなどは、よい絵になる。
葉の縁が、裏面側に巻き込むのが特徴。

花冠は5裂し、ねじれた裂片が風車のようだ。

テイカカズラ
Trachelospermum asiaticum〔**キョウチクトウ科**〕
照葉樹林に生えるつる性木本。付着根を出して樹幹を這い上がっていく。6月頃に咲く花は白～淡黄色。ほのかな香りがあって魅力的だが、梢の上のほうで花が咲くので、気づかないことが多い。灯台もと暗し、である。

ツルマサキ
Euonymus fortunei〔**ニシキギ科**〕

マサキ
E. japonicus〔**ニシキギ科**〕

マサキとツルマサキ

ともに、マユミやツリバナと同じニシキギ科の常緑樹で、花の形はとてもよく似ている。

マサキは常緑の低木。葉が密に茂り、手ごろな背丈なので、目隠しなどに重宝だったのだろう。昔は人家の生け垣によく使われた。もともとは温暖な地方の海岸近くに生える。梅雨の頃に、淡黄緑色の小さな花が咲く。

一方のツルマサキは常緑のつる性木本。テイカカズラ同様、付着根を出して樹幹をよじ登っていく。キヅタやテイカカズラに混じって平地の林にも多いが、むしろ、標高の高いところで目立つ。関東甲信あたりで、標高1000mくらいになると、常緑のつる性木本はツルマサキ以外にはないので、一層強く印象に残る、ということだろう。以前、秋の終わり頃に、信州追分の旧街道筋を歩いていたら、旧本陣跡のカラマツにこれが巻きついていて、熟した果実が裂け、朱赤色の種子が顔を出して、きれいだった。花は6月頃に咲く。

ものしりコラム

ツルマサキの葉の２型

ツルマサキの地上を這う幼木の葉は、小さな小判形～卵形で、テイカカズラのそれによく似ている。明瞭な鋸歯があって、枝が緑色ならばツルマサキ。枝が暗紫褐色で葉が対生し、枝を折ると白い乳液が出ればテイカカズラだ。

葉の更新と紅葉

常緑の樹木も、時がくれば必ず、新旧の葉が入れ替わる。古い葉が、赤や黄色に色づくこともあり、美しいものである。

ある年、公園で拾い集めた、色づいた常緑樹の葉。何の葉だか、おわかりになるだろうか？

1 **モッコク** *Ternstroemia gymnanthera*〔**ツバキ科**〕
葉は全縁で、先はまる味を帯び、基部はくさび形。徐々に葉柄に流れ込むので、葉身と葉柄との区別が不明瞭。表面(a)は深紅に色づいて美しい。裏面(b)は淡色。

2 **ヤブツバキ** *Camellia japonica*〔**ツバキ科**〕
花が終わった後、4月頃に新しい葉が芽吹く。古くなった葉は黄色くなって落葉する。葉は楕円形で浅い鋸歯がある。

3 **クスノキ** *Cinnamomum camphora*〔**クスノキ科**〕
葉は先のとがった卵形。あるいは菱形というべきか。基部はくさび形で長い葉柄がある。脈の走り方に特徴がある。紅色に色づいて美しい。

4 **テイカカズラ** *Trachelospermum asiaticum*〔**キョウチクトウ科**〕
葉は細長い菱形で、葉柄はごく短い。縁はやや波うつことがあるが、鋸歯はない。鮮やかで多彩な赤に色づいて美しい。

5 **カナメモチ** *Photinia glabra*〔**バラ科**〕
若葉が赤いので、アカメモチとも。自生地は西日本なのだそうだが、公園や庭によく植えられている。古くなった葉も朱赤色に色づいて落ち、これまた美しい。
「たそばの木　しななき心地すれど、花の木どもちりはてて、おしなべてみどりになりたるなかに、時もわかず、こきもみぢのつやめきて、思ひもかけぬ青葉の中よりさし出でたる、めづらし。」(『枕草子』第四十段)この「たそばの木」はカナメモチのことだという。

6 **タイサンボク** *Magnolia grandiflora*〔**モクレン科**〕
葉は革質で厚く、全縁。光沢が強い。裏面は褐色の毛が密生する。マテバシイやユズリハの葉も、少し似ているが、マテバシイの葉の裏面は成葉では無毛。ユズリハの裏面は、ろうを塗ったように白っぽく、革質ではない。

7 **クロガネモチ** *Ilex rotunda*〔**モチノキ科**〕
暖地の照葉樹林の植物だが、公園にもよく植栽されている。葉は先のとがった楕円形で、基部はくさび形。色がぬけて淡黄色になって落葉する。同属の落葉樹アオハダも、同じような色あいになって落葉する。

8 **タラヨウ** *I. latifolia*〔**モチノキ科**〕
昔、インドでは仏典を書き写すのに、オウギヤシなどのヤシ科の植物の葉に、鉄筆で文字を書いた。これが貝《バイ》多《タ》羅《ラ》葉《ヨウ》として江戸時代に日本に伝わったのだそうだ。
それと同様に、ひっかき傷をつけたところが黒変して、文字として読める性質があるこのモチノキ科の植物にタラヨウ(多羅葉)の名があてられたのだという。
メッセージが記せるということから、タラヨウは郵便局のシンボルツリーなのだそうで、その旨がしるされた札をつけたタラヨウの木が、宇都宮中央郵便局のそばに何本かある。どうやら、各地の拠点となる局に植えられているようだ。
葉は大きく、細長い楕円形で、粗い鋸歯がある。表裏とも、傷をつけると黒変するが、裏面は淡色なので、こちら側に書いた方が文字は読みやすい。

「夏は来ぬ」の季節

暦の上では6月11日頃が入梅。実際、関東あたりではこの頃に梅雨入りし、それからひと月余り、うっとうしい空もようの日が続く。梅雨明けは7月20日頃だ。

この季節を特徴づけるのは何といってもクリの花だろう。淡黄色の夥しい花序がむせかえるような香りを放つ。マタタビの開花もこの季節。それにあわせて、若い枝先に純白の葉が展開し、あたかも白い花が咲いているかのように見える。

6月22日頃が夏至だが、その恩恵にあずかるためには、北海道まで行かねばならない。その、夏至から11日目が半夏生。ハンゲショウという植物は、この時期に開花する。マタタビ同様、花が咲く頃に花序の基部の葉が白くなる。

梅雨どきの楽しみのひとつは、クワやキイチゴなど、おいしい野生の木の実が収穫できることでもある。クワの実など、ジャムにすると最高だ。

7月に入ると、ヒグラシやニイニイゼミが鳴き出し、クヌギやコナラの樹液にカナブンやクワガタムシやオオムラサキの姿を見るようになる。いよいよ暑い夏がくる。

マタタビ
クリの花が咲く頃に郊外の山道を通ると、林縁の樹木の枝に覆いかぶさるようにして、白い花が咲いているような光景を必ず目にする。花と見えるのはマタタビの白い葉。本当の花はこの葉蔭に隠れて咲いている(→p.106)。

センダン

Melia azedarach〔**センダン科**〕

落葉高木。中国～台湾あたりの原産なのだそうだが、古くから植栽されて、野生化しているものもある。

古名は「楝(オウチ＝旧仮名づかいではアフチ)」。梅雨入り間近の頃に、淡い紫色の小さな花が円錐状の大きな花序になって咲く。花弁は5枚。濃い赤紫色の10本のおしべが円筒形の束になる。

葉は2～3回奇数羽状複葉で、小葉には粗く浅い鋸歯がある。

風通しのよい樹形ともども、花の盛りには爽やかな印象があって、それが好まれるのだろう。唱歌『夏は来ぬ』(佐々木信綱詞、小山作之助曲)には次のような歌詞がある。

　楝ちる川べの宿の　門遠く水鶏声して

　夕月すずしき　夏は来ぬ

この歌の中には初夏のさまざまな風物が詠みこまれている。卯の花の垣根、ほととぎすの忍び音、橘の花の香、飛びかう蛍、そして水鶏(クイナ)の声。しかし、残念ながらぼくはクイナの声を聞いたことがない。

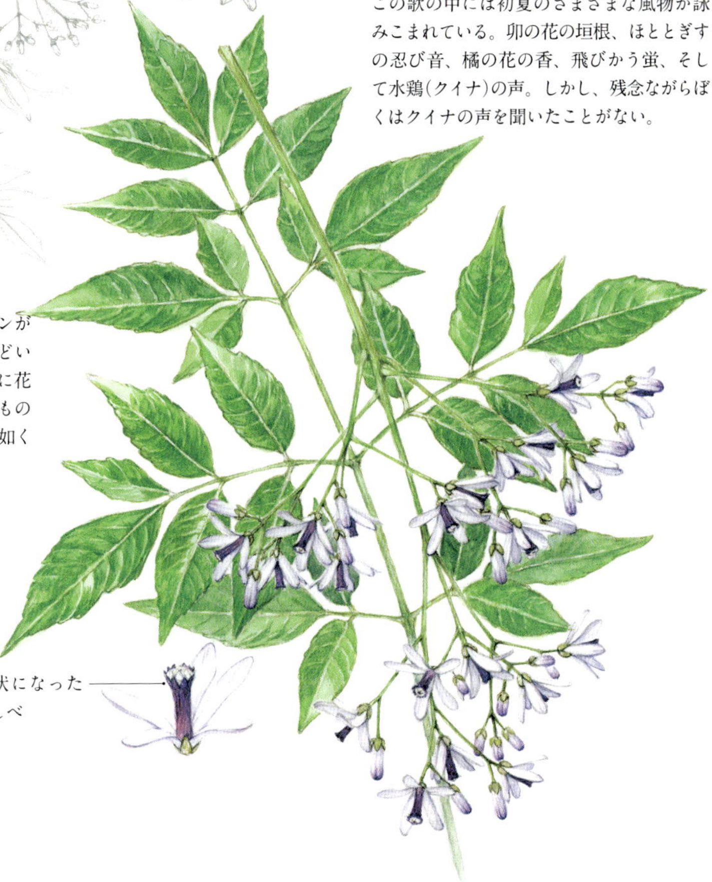

とある川の土堤にセンダンが植えられていて、ちょうどいい具合に、ほぼ目の高さに花が咲いていた。こういうものは野外でスケッチするに如くはなし。

クリの花の観察

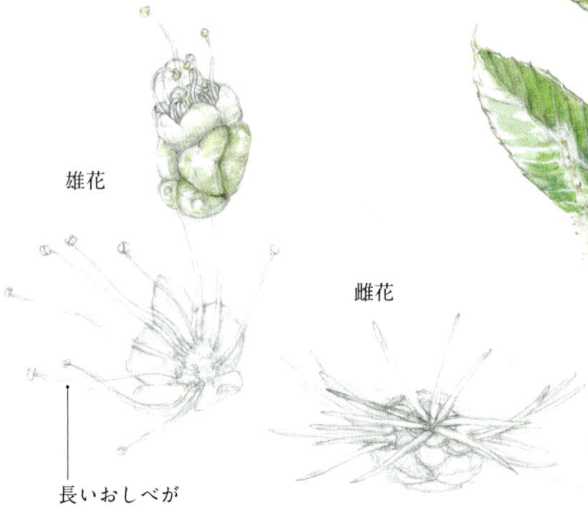
雄花
長いおしべが
10本ほど。
雌花

これが雌花
（雌花序）
雄花序
枝の基部の花序は
雄花だけ。

雌花序。淡黄緑色の
総苞につつまれて、3
個の雌花がある。
雌花序

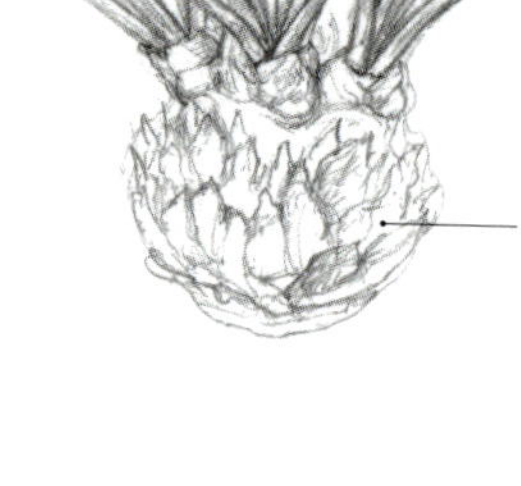
これらの鱗片から
イガが生ずる。

クリ

Castanea crenata〔**ブナ科**〕

夏緑林に生える落葉高木で、野生のものも多いが、それ以上に果樹としてひろく栽培されている。

梅雨入りしたばかりの頃に、枝先に淡黄色の長い尾状花序を多数つける。花は、スダジイ等とよく似た強い香りを放ち、さまざまな種類の昆虫がやってくる。クリは、これらの昆虫によって花粉が運ばれる虫媒花である。

その長い尾状花序はやがて黄ばんで落ち、樹下には夥しい花の残骸が積もることになる。さて、それでは、秋にみのるクリの実は、いったいどんなふうにしてできるのかと、考えたことはありますか？　クリの尾状花序は、枝の基部のほうから順に開花していく。基部に近い花序は雄花だけがつくが、枝の先端近くの、つまり遅れて咲く花序の基部には雌花があって、これが秋にクリの実になる、というわけだ。

コアジサイ

Hydrangea hirta〔**アジサイ科**〕

丘陵地から山地の林縁などに生える落葉低木。背丈はせいぜい1mくらいと小さいが、梅雨入りのころに咲く淡青紫色の花は爽やかな色合い。アジサイ属では珍しく、装飾花がない。外見上気づき難いが、葉の両面ともに白色毛があって、触ってみるとよくわかる。

ミカドドロバチ

Odynerus quadrifasciatus〔**スズメバチ科**〕

マエグロコシボソハバチ

Tenthredo analis〔**ハバチ科**〕

ハチモドキハナアブ

Monoceromyia pleuralis

〔**ハナアブ科**〕

コスカシバ

Synanthedon hector〔**スカシバガ科**〕

ナミホシヒラタアブ

Metasyrphus nitens

〔**ハナアブ科**〕

ものしりコラム

標識的擬態
（ミミクリー、mimicry）

無防備な昆虫が、他の危険な昆虫に姿を似せて、外敵の攻撃をかわす現象がある。これを標識的擬態という。うかつに攻撃すれば痛い目に遭う危険な存在をモデル、それを模倣しているものをミミックという。

一方、シャクガの幼虫（→p.64～67）のように、周囲の環境に姿をとけ込ませるのを隠蔽的擬態という。

ドロバチの仲間は毒針をもっていて、泥で巣をつくり、他の昆虫を狩って幼虫の餌にする。

ハバチの仲間の幼虫は、蝶や蛾の幼虫そっくりのイモムシで、いろいろな植物を食べる。成虫は毒針をもたないので、人を刺すことはない。

おとなしいハナアブの仲間や、スカシバという蛾の仲間にも、ハチにそっくりの姿をしているものがいる。

マタタビの葉が白くなる

マタタビ *Actinidia polygama*〔**マタタビ科**〕
丘陵地から山地に生えるつる性木本。花が咲く枝先の葉の表面が純白で、よく目立つ。葉腋に、ウメに似た形の、香りのよい花がうつむいて咲く。雌雄異株。

雄花

雌花

ミヤママタタビ
A. kolomikta〔**マタタビ科**〕

寒冷地に多い。
葉の先が白～淡紅色になる。マタタビのように全面が白くはならない。

6月の末の頃、郊外の山道を車で走ったりすると、緑の林のあちこちに、純白の大きな花がたくさん咲いているような光景を目にする。あれは何の花か？　と尋ねられたこともあるが、花と見えるのはじつはマタタビの葉。若い枝先の葉が、表面だけ純白になって、その葉かげに隠れている本来の花へと昆虫を誘うしかけだ。それにしても、ずいぶん大がかりな看板ではある。

雄花
黒い葯が目立つ。

サルナシ
A. arguta〔**マタタビ科**〕
山地に生えるつる性木本。花時にも、葉は白くならない。葉はマタタビよりも厚みがあって、表面は濃緑色。雌雄異株で、雄しべの葯は黒い。「コクワ」の名でもよく知られていて、熟した果実はとてもおいしい。

ナツツバキ *Stewartia pseudocamellia*
〔ツバキ科〕

山地の夏緑林に生える落葉高木。梅雨時に、白い5弁の大きな花が咲く。庭や公園に植えられているのでおなじみの樹木。かなりの大木になり、中禅寺湖畔で見かけたのは、幹の直径が40cmくらいあった。樹皮は鹿の子もようにはがれ、リョウブに似ている。
「シャラノキ」とか「シャラ」と呼ばれたりするが、仏教の聖木としてのサラノキ、いわゆる沙羅双樹は、インド原産のフタバガキ科の高木。葉は長さ20cmほどの楕円形で全縁。日本では、露地で冬を越せないので、ナツツバキが代用されたのだという。熱帯温室に植えられていたりするが、花は見られそうにない。いずれにしても、花はナツツバキとは似てはいない。

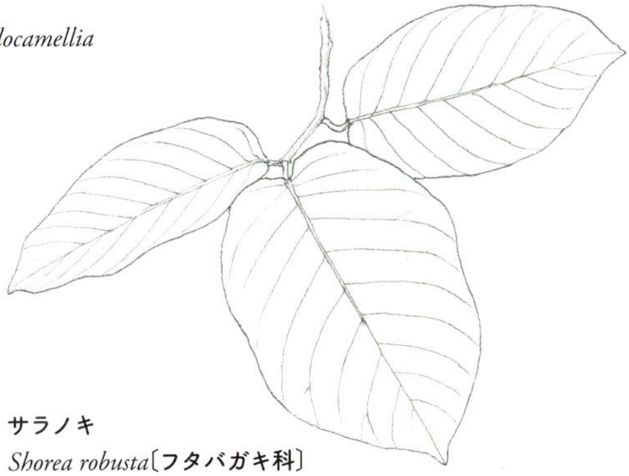

サラノキ
Shorea robusta〔**フタバガキ科**〕
インド〜ネパール原産。葉は全縁で、葉身は20cmほどになる。

クチナシ
Gardenia jasminoides
〔アカネ科〕
一重のと八重咲きのとがある。

濃密な甘い香りの花が咲き、庭や公園に植えられ、楽しませてくれる。花冠は5〜7裂。果実から採れる黄色い色素は、食品の着色料として使われる。
葉を喰い荒らす大きなイモムシは、オオスカシバというスズメガの仲間の幼虫。

アジサイの仲間

ヤマアジサイ　*Hydrangea serrata*
湿った林縁部などに生える。装飾花は白または淡青色。エゾアジサイやアマチャはこの変種とされる。

装飾花の萼片は3~5枚。形の変異も多い。

アジサイの仲間は大きな装飾花が特徴。花びらのように見えるのは萼片が発達したもので、本来の花弁は中心部にある小さな粒状のもの。装飾花にとり囲まれた花序の中央部には多数の両性花がある。一般に「アジサイ」と呼ばれる園芸品種はガクアジサイを改良したもので、花序全体が装飾花になったもの。装飾花は、花後、反転して残存する。スイカズラ科のヤブデマリやカンボク(→p.78)の装飾花は、花弁が大型化したもの。

開花前の花序は大きな苞につつまれて球状をしている。和名はこれに因む。

装飾花の萼片は3~5枚、稀に6枚。

タマアジサイ　*H. involucrata*
湿った沢筋などに生え、盛夏から晩花にかけて花が咲く。純白の装飾花と青紫色の両性花との対比が、一服の清涼剤のように爽やか。

直径5～7mmの球状をした
タマバエのゴール（虫こぶ）。

ノリウツギ *H. paniculata*

明るい林縁部や河原、湿地帯などに生え、夏に純白の花が円錐形の花序をなして咲く。北海道では「サビタ」の名で呼ばれることも多い。樹皮からとれる粘液を、和紙をすく時の糊に使ったので「糊空木」。

ノリウツギやアジサイの装飾花は、花後、時間の経過と共に、紅色や紫色などに美しく変化する。装飾花が反転して残存するのは、風を受けて種子を飛散させやすくするためと考えられる。

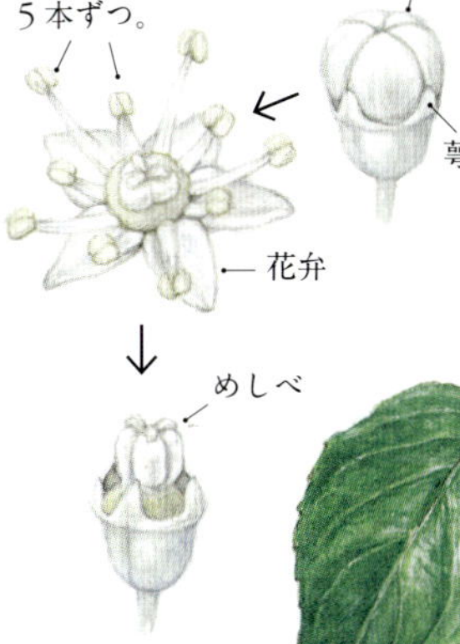

花弁
おしべは長短それぞれ
5本ずつ。
萼片
花弁
めしべ

ものしりコラム

ツルアジサイとイワガラミ

ツルアジサイは、付着根を出して樹幹をよじ登るアジサイの仲間だ。梅雨時から盛夏にかけて、山地の林でよく見かける。よく似たイワガラミはアジサイに近縁だが別属。卵形の装飾花が1枚。ツルアジサイより少し遅れて咲く。これまた付着根で樹幹や岩にしがみつく。

葉には細かい鋸歯が多数。装飾花の萼片は4枚のことが多い。ゴトウヅルとも。

ツルアジサイ *H. petiolaris*

イワガラミ
Schizophragma hydrangeoides

卵形の装飾花が1枚。
葉の鋸歯は粗い。

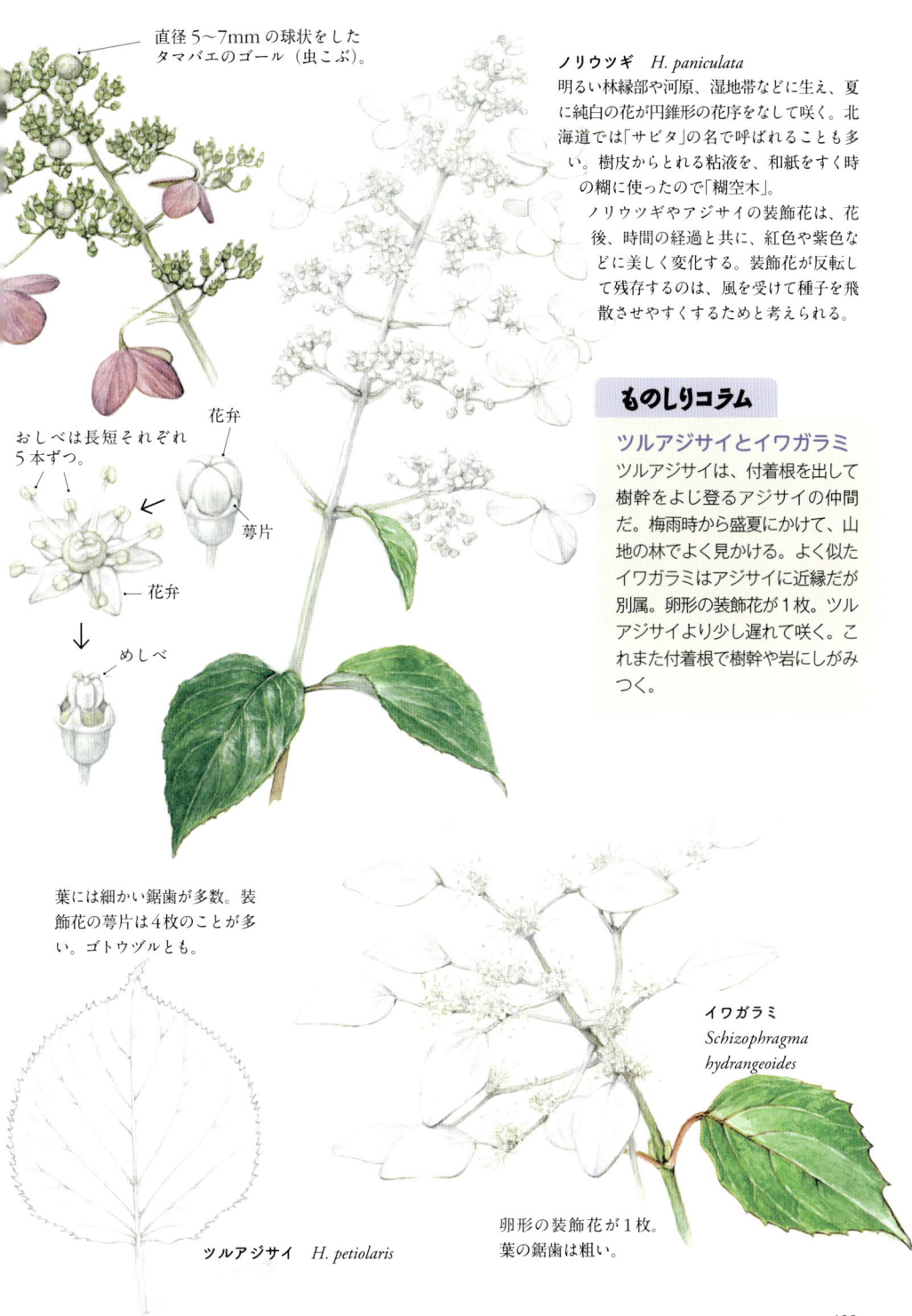

林縁に咲く小さな花

エビヅル　*Vitis ficifolia*〔**ブドウ科**〕
梅雨の頃から夏にかけて花が咲く。葉はヤマブドウに似て小型。種小名は「イチジクの葉に似た」の意。

雄花序
1-b
雌花序
1-c
雄花
両性花
1-a
2-a
雄花
雄花序
両性花
2-b
花弁は帽子を
脱ぐように脱落。

エビヅル(1)やサンカクヅル(2)など、ブドウ属の植物は雌雄異株。雄花と両性花がある。開花と同時に、5枚の花弁は帽子を脱ぐようにして脱落するので、開花時の花には花弁は見あたらない。ノブドウやツタはそれぞれ別の属で雌雄同株。これらは、5枚の花弁が星形にひらく。

サンカクヅル
V. flexuosa〔**ブドウ科**〕
梅雨の頃に花が咲く。葉は先のとがった卵形。

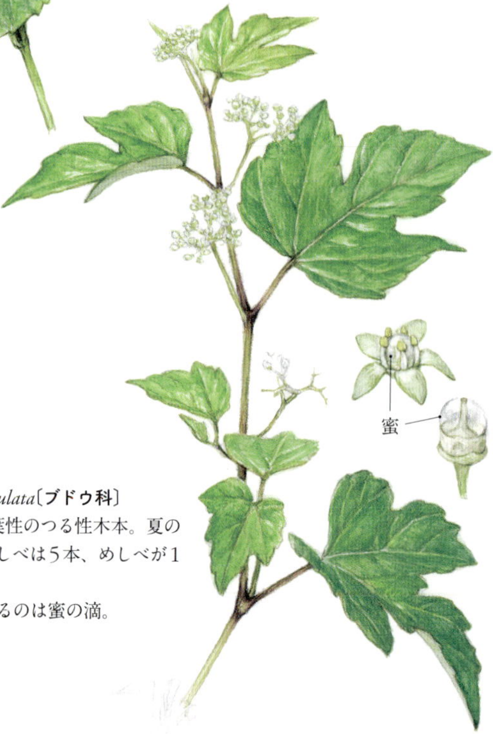
蜜

ノブドウ　*Ampelopsis brevipedunculata*〔**ブドウ科**〕
日あたりのよいところに生える落葉性のつる性木本。夏の盛りに花が咲き、花弁は5枚、おしべは5本、めしべが1本。雌雄同株。
右の絵で、花のまん中に光っているのは蜜の滴。

ムラサキシキブ

ヤブムラサキ

ムラサキシキブ　*Callicarpa japonica*〔**クマツヅラ科**〕
林縁部に生える落葉低木。梅雨の頃に淡い赤紫色の小さな花が密集して咲く。花冠は4裂し、おしべは4本、めしべが1本ある。古くは「むらさきしきみ」といったようで、現在の和名はここから転訛したものだろう。

ヤブムラサキ　*C. mollis*〔**クマツヅラ科**〕
林縁部に生える落葉低木。ムラサキシキブによく似ているが、葉の両面や枝、花序の柄、萼の表面などに白色毛が密生する。葉の基部はまる味が強い。ムラサキシキブはほぼ無毛で、葉の基部はくさび形。花はムラサキシキブよりもまばらで、果実はムラサキシキブよりも大きい。ついでに言えばしばしば「ムラサキシキブ」の名で庭に植えられているものは、コムラサキ *C. dichotoma* であることが多い。

常緑樹の花と訪花昆虫

ネズミモチ

サンゴジュ

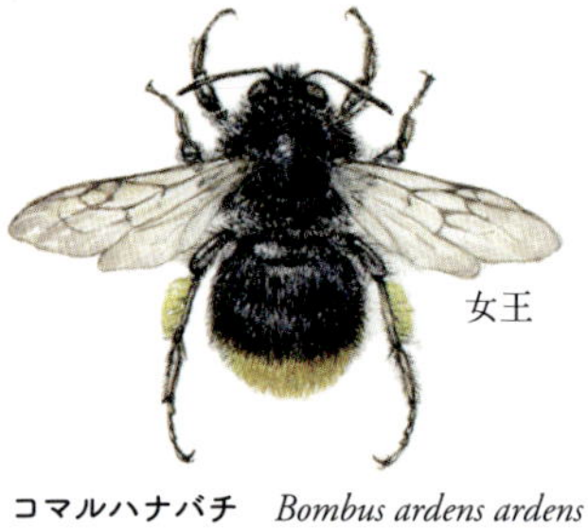

女王

♂

コマルハナバチ *Bombus ardens ardens*
〔ミツバチ科〕

アシナガコガネ
Hoplia communis
〔コガネムシ科〕

コアオハナムグリ
Oxycetonia jucunda

クロハナムグリ
Glycyphana fulvistemma

ハナムグリの仲間は、広い意味ではコガネムシと同じグループ(コガネムシ科)だが、飛ぶ時の姿勢に特徴がある。一般の甲虫(カブトムシやカミキリムシなど)は、硬い前翅をひろげて飛ぶが、ハナムグリやカナブンは、前翅をほとんど閉じた状態で、体の側面の隙間から後翅をひろげて上手に飛びまわる。

ネズミモチやサンゴジュの訪花昆虫

ネズミモチやサンゴジュの花は、クリとほぼ同じ頃に花が咲く。これらの花にはさまざまな昆虫が蜜や花粉を求めてやってくる。どんな種類の昆虫が来ているかを観察するのもおもしろい。

ミツバチやマルハナバチは、後脚に花粉を集めて運ぶ道具をそなえているが、ハキリバチの仲間は、体の腹部下面に、花粉をつめこむ毛がある。この部分が花粉だらけのハチがいたら、ハキリバチの仲間だ。

コマルハナバチは雌雄で色彩が異なり、メス(すなわち女王と働きバチ)はほぼまっ黒だが、オスは鮮やかなレモンイエローをしている。見つけたら素手でつかまえてみよう。オスには毒針がないので、刺される心配はない。

ネズミモチ　*Ligustrum japonicum*〔**モクセイ科**〕
暖地に生える常緑小高木。生け垣や街路樹として、各地に植栽されている。梅雨の頃、クリやスダジイに似た香りの白い花が、円錐状の花序をつくって咲き、さまざまな昆虫が訪れる。トウネズミモチは花期が遅く、花はずっと小さい。海岸の林には、よく似た半常緑のオオバイボタ(→p.85)がある。果実がネズミの糞に似ていることが和名の語源というのは少々気の毒。モチノキの仲間ではない。

サンゴジュ　*Viburnum odoratissimum* var. *awabuki*
〔**スイカズラ科**〕
暖地に生える、ガマズミと同じ仲間の常緑高木。生け垣や公園などに植栽される。ネズミモチと同じ頃、白い花が大きな円錐状花序をつくって咲く。種小名は「とても匂いが強い」の意で、ミツバチやマルハナバチ、ハナアブ、ハナムグリなど夥しい昆虫で賑わう。

サカキ　*Cleyera japonica*〔**ツバキ科**〕
照葉樹林に生える常緑高木。神事に用いられるので神社にはよく植えられている。葉は全縁。梅雨のさなか、よい香りのする白い小さな花がうつむいて咲く。サカキの分布しない地域ではヒサカキ(→p.57)が代用される。

モッコク　*Ternstroemia gymnanthera*〔**ツバキ科**〕
暖地に生える常緑高木。赤い果実が趣きがあるので、庭や公園に植えられる。葉は全縁でへら形。梅雨の終わり頃、白〜淡黄色の花が咲く。

クワの実が熟れる頃

マグワ

Morus alba〔**クワ科**〕

かつて養蚕が盛んだった頃、カイコの餌として栽培され、その名残が各地にある。

マグワは中国原産。在来種のヤマグワに似るが、めしべの花柱は短く、葉は卵形で先端があまり伸びない。

どちらも黒く熟した実は甘くておいしく、ジャムにすると最高だ。ただし、面倒でも必ず柄を除去すること。

熟すと黒紫色
になる。
花柱
痩果
肥厚した花被片

ヒメコウゾ

Broussonetia kazinoki〔**クワ科**〕

橙赤色に熟した実は、甘味はあるが少し青くさく食感も悪い。葉の形には変異がとても多い(→『野の花さんぽ図鑑　木の実と紅葉』)。

ヒメコウゾの実のひ
と粒はこういう形。
2mm

ヤマモモ
Myrica rubura〔**ヤマモモ科**〕
自生があるのは西日本だが、関東あたりでも公園などに植栽され、結実もする。果実は甘酸っぱくておいしい。

ものしりコラム

クワの実の構造は？

たっぷり果汁を含んだ袋状の粒の集合なので、ちょっと見たところ、キイチゴの「実」に似ているが、じつは構造はまるきり異なる(→p.117)。熟したものは破れやすいので、未熟なものを選んで分解してみよう。クワの「実」というのは、肥厚した４枚の花被片が、本来の果実(痩果)を包みこみ、軸の周囲にたくさん集合した形。ヒメコウゾの実も、肥厚した花被片が痩果を包んだものの集合だ。
花被片が肥厚するのはドクウツギ(→p.124)も同様。ドクウツギの果序をもっと密にして小さくしたものが、クワの実と考えればよい。ヤマモモはといえば、表面に多数の粒状の突起があってキイチゴに似た印象があるが、これはれっきとした１個の果実。中をのぞいてみると、まん中にある硬いのは「核」といって、木質化した内果皮が種子を包みこんだもの。キイチゴの、果汁を含んだ袋の中の「タネ」も、厳密にいえば核である。ややこしい話に深入りするのはやめておくが、種子散布を担ってくれる動物に、まずは食べてもらうために、植物たちがあれこれ知恵をしぼり、手持ちの材料をいかに有効に使って、おいしい商品をつくり出しているかがわかる。

キイチゴの仲間 I

カジイチゴ　*Rubus trifidus*

暖地の海岸に生える常緑低木。実は橙黄色に熟す。枝に棘がないのが特徴。

モミジイチゴ

R. palmatus

林縁部などに普通に生える。梅雨入りの頃から橙黄色に熟す。甘くておいしいが、いたみやすい上、ジャムにしてもあまりきれいな色にならないので、摘んだその場で生食するのが一番よさそうだ。モミジイチゴやカジイチゴ、クサイチゴは、花は白くて大きく、よく似ている。

クサイチゴ　*R. hirsutus*

暖かい地方に多い。生育地では大きな群落になる。赤く熟した実は甘くておいしい。葉は奇数羽状複葉で小葉は3～5対。葉は冬も枯れずに残る。本州中部の山地にはよく似たバライチゴがあるが、小葉はずっと細長い。

ニガイチゴ　*R. microphyllus*
実は小ぶりで、少し苦味を感じるが味は悪くない。葉は丸みを帯び、浅く3裂する。日あたりのよい場所に普通に生え、紅葉もきれいだ。

クマイチゴ
R. crataegifolius

伐採跡地など、日あたりのよいところに生え、大きな藪になることも多い。
ひとつの花序のいくつもの花が、開花の順に熟していくので、未熟な緑色のものから橙黄色に色づき出したものを経て、赤く色づいたものまでが混在して、見た目に美しい。しかし、味のほうはあまり期待しないほうがよい。枝や葉柄、裏面の脈上などに鉤状の棘がたくさんあるので要注意。

ものしりコラム

キイチゴの実の構造

キイチゴは「木苺」の意味で、つまりイチゴに似た実がみのるバラ科の灌木ということだが、両者の「実」の構造はだいぶ違う。
キイチゴの実の、果汁たっぷりの袋状の粒のひとつひとつは、めしべの子房が肥大したもの。中にタネがひとつ。もっともこれは、植物学的に厳密にいうと「核」ということになるのだそうだ。核というのは、内果皮（子房壁の一番内側の層）が硬くなって種子を包みこんだもののこと。
他方、イチゴの可食部は花床が肥大したもの。表面の粒のひとつひとつが果実（痩果）で、キイチゴの小さな袋状の粒が、ひからびた状態と考えればよいだろう。

キイチゴの仲間Ⅱ

ナワシロイチゴを観察してみよう

ナワシロイチゴは、蕾の段階から結実にいたるまで、それぞれのステージに応じて萼片が開いたり閉じたりする。

蕾(1)は淡い緑色をした円錘形。やがて萼片が開き、ばら色の花弁が見え始め(2)、萼片が大きく開いて開花する(3)。花弁は直立したまま、これ以上は開かない。花が終わると(4)、萼片は再び閉じ(5)、この中で果実が肥大してくる(6)。開花後ひと月も経つと、果実は大きくなって赤熟し(7)、萼片が開いて誰かに食べられるのを待つばかりとなる(8)。実を摘んだあと(9)に残る台座の部分を花床という。

エビガライチゴやニガイチゴも萼片が開閉するが、モミジイチゴやクサイチゴ、クマイチゴ、クロイチゴはこういうことをしない。

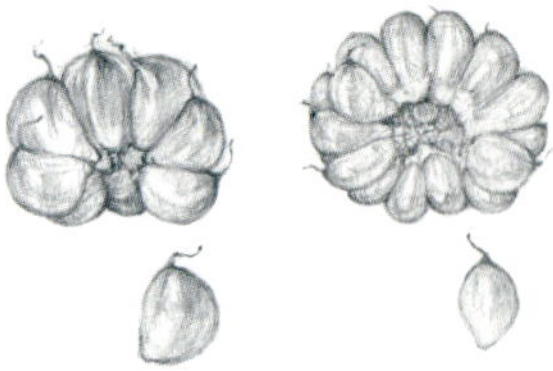

ナワシロイチゴ *Rubus parvifolius*
川の土堤などの明るい草むらにごく普通に見つかる背丈の低いキイチゴで、テリハノイバラなどと一緒に生えていることも多い。赤く熟れた実は見栄えもよく、ジャムにするとおいしい。葉はたいがい三出複葉。

閉じた萼片に包まれて
果実が成熟する。

エビガライチゴ　*R. phoenicolasius*
山地の明るい林縁部に生え、こんもりと枝葉をひろげる。毛深く棘だらけの姿を見ると、少々おじけづくが、赤い腺毛がクッションになるせいか、見た目ほど痛いものではない。

果実はここに
ついていた。

葉の裏は真っ白。

大粒の実が多数総状につくので収量が多く、味もよいので嬉しいものだ。
葉は三出複葉。裏面は白い綿状の毛で被われ、ウラジロイチゴの別名もある。

クロイチゴ　*R. mesogaeus*
山地に生える。8月頃に、実は赤からやがて黒くなって熟す。棘は小さいが案外痛い。
葉は三出複葉で、裏面は白緑色。

キイチゴの仲間は他にも数多くの種類がある。常緑のフユイチゴ(→p.131)は、晩夏に花が咲き、真冬に赤熟する。

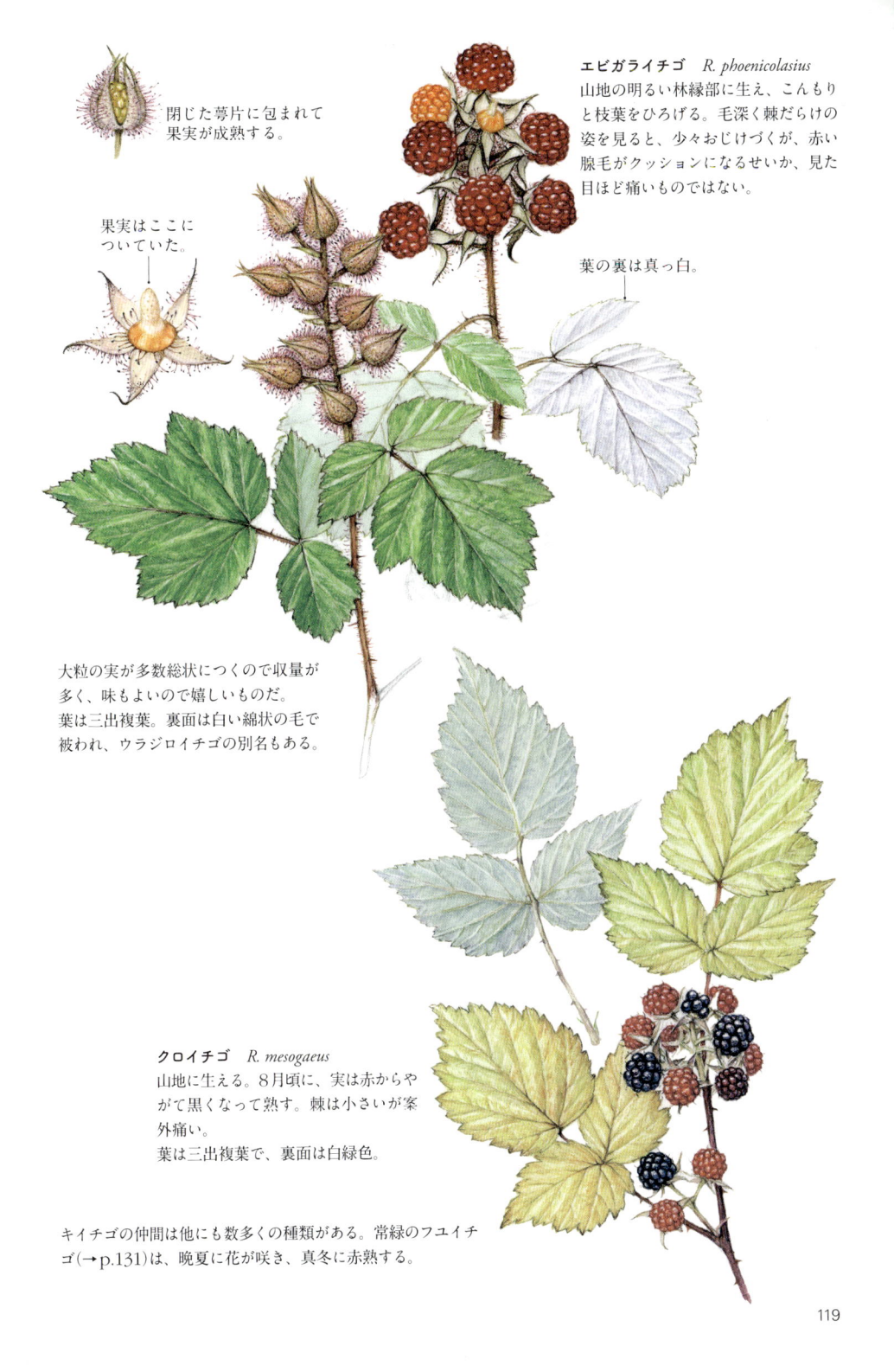

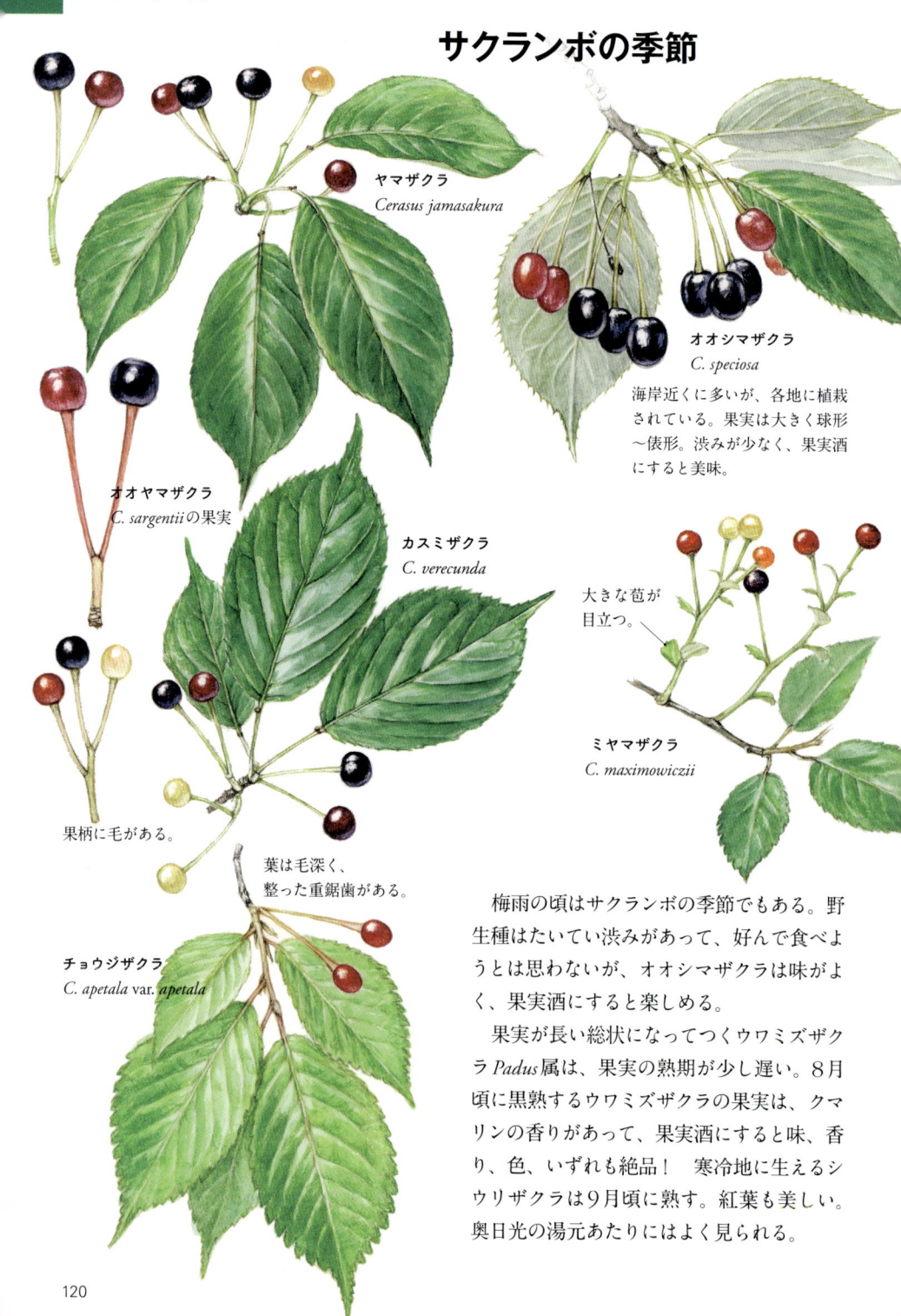

サクランボの季節

ヤマザクラ
Cerasus jamasakura

オオシマザクラ
C. speciosa
海岸近くに多いが、各地に植栽されている。果実は大きく球形〜俵形。渋みが少なく、果実酒にすると美味。

オオヤマザクラ
*C. sargentii*の果実

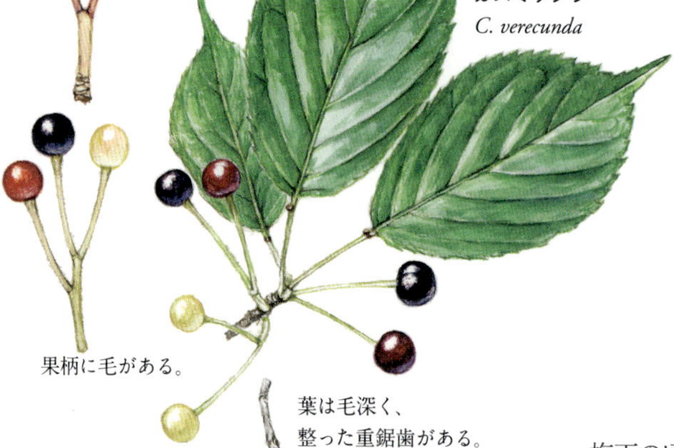

カスミザクラ
C. verecunda
果柄に毛がある。

大きな苞が目立つ。

ミヤマザクラ
C. maximowiczii

葉は毛深く、整った重鋸歯がある。

チョウジザクラ
C. apetala var. *apetala*

梅雨の頃はサクランボの季節でもある。野生種はたいてい渋みがあって、好んで食べようとは思わないが、オオシマザクラは味がよく、果実酒にすると楽しめる。

果実が長い総状になってつくウワミズザクラ *Padus*属は、果実の熟期が少し遅い。8月頃に黒熟するウワミズザクラの果実は、クマリンの香りがあって、果実酒にすると味、香り、色、いずれも絶品！　寒冷地に生えるシウリザクラは9月頃に熟す。紅葉も美しい。奥日光の湯元あたりにはよく見られる。

ウワミズザクラ　Padus grayana
果実のつく枝に葉がある。
蜜腺
萼片が残る。
果実のつく枝に葉がない。
蜜腺
イヌザクラ　P. buergeriana
葉の基部はくさび形、ウワミズザクラの葉の基部はまる味が強い。
シウリザクラ
P. ssiori
蜜腺

ものしりコラム

葉の形で見わける野生種５種

葉柄に白色の開出毛が密生するのはカスミザクラ。エドヒガンは斜上する淡黄褐色の毛がある。ヤマザクラ、オオヤマザクラ、オオシマザクラは無毛。葉の先端が急に細く突出するのはカスミザクラとヤマザクラ。葉身の基部がハート形になるのはオオヤマザクラ。他のはくさび形か丸い。カスミザクラとオオヤマザクラの鋸歯は三角形。ヤマザクラは鋸歯が浅くて細かい。オオシマザクラは鋸歯の先が糸状に突出する。
カスミザクラの葉の裏面はやや光沢があり、ヤマザクラは光沢が乏しい。エドヒガンは葉が細長く、蜜腺は葉身の基部か葉柄の上端にある。

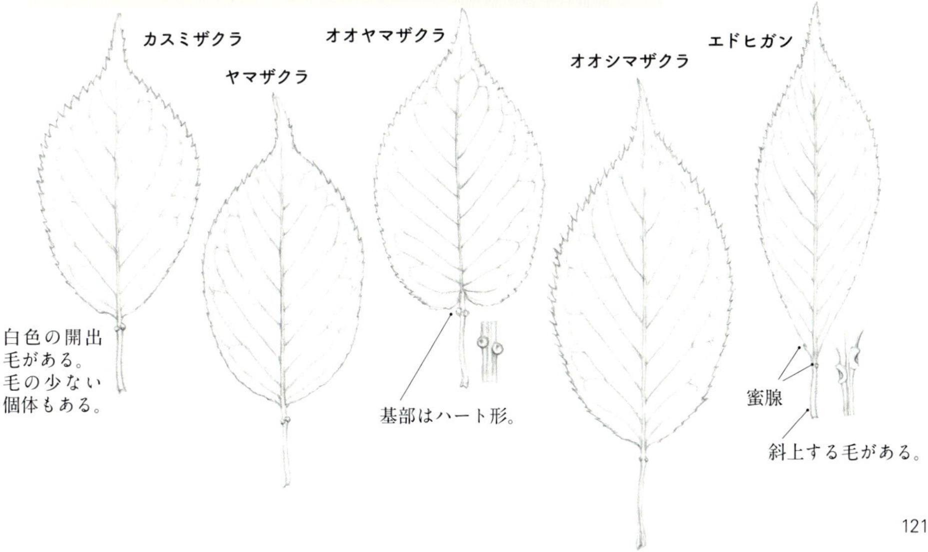
カスミザクラ
白色の開出毛がある。毛の少ない個体もある。
ヤマザクラ
オオヤマザクラ
基部はハート形。
オオシマザクラ
エドヒガン
蜜腺
斜上する毛がある。

赤く熟す木の実

種子

ウグイスカグラ
Lonicera gracilipes
〔**スイカズラ科**〕

早春に咲いた花（→p.19）は、梅雨の頃にかわいらしい赤い実になる。雑木林ではおなじみの灌木だ。これを「グミ」と呼ぶ地方もあり、ほのかに甘くて食べられる。果実が2個合着してヒョウタン形になるヒョウタンボクの仲間も同属だが、こちらは有毒。嘔吐やけいれんを起こすというから要注意。

ウスノキ
Vaccinium hirtum var. *pubescens*
〔**ツツジ科**〕

山地の林縁に生える低木。果実のてっぺんが凹む形から「臼の木」。カクミノスノキ（角実の酸の木）とも呼び、これも果実の形に因む。いわゆるブルーベリーと同属で、ナツハゼやスノキ、クロマメノキといった在来の野生種があり、いずれも甘酸っぱい実は食べられる。

ナツグミ
Elaeagnus multiflora var. *orbiculata*〔**グミ科**〕

トウグミ
E. multiflora var. *hortensis*〔**グミ科**〕

ナツグミとトウグミは変種の関係にあり、ナツグミは葉の表面に鱗状毛があり、トウグミでは葉の表面に星状毛がある、というのが両者の違いなのだそうで、これを確かめるには少し倍率の高いルーペが必要だろう。
グミの仲間の、橙黄色ないし赤色に熟す果実は、少し渋みがあるが甘酸っぱい味で、食べられる。種子が大きくて可食部が少ないのが難点。アキグミで時々ジャムをつくるが、独特の味で楽しめる。果実酒よりもジャムに向いていると思う。

ヤブデマリ *Viburnum plicatum* var. *tomentosum*〔**スイカズラ科**〕

種子

オオカメノキ *V. furcatum*
〔**スイカズラ科**〕

ニワトコ
Sambucus racemosa ssp. *sieboldiana*
〔**スイカズラ科**〕

明るい林縁などに普通に生える。果実は球形で、夏に赤く熟す。ヨーロッパには、日本のニワトコの別亜種の他に、黒い実をつける別種*S. nigra*があり、これはエルダー(elder)の名でよく知られていて、花や果実をハーブとして利用する。

ヤブデマリは湿った林などに生え、初夏に、アジサイに似た白い装飾花のある花が咲く。果実は、夏の終わり頃に赤から黒に熟す。オオカメノキは、春早く山地の夏緑林で、これまたアジサイによく似た白い花を咲かせる。葉も果実もヤブデマリよりずっと大きく、葉身の基部がハート形になる。黒熟した果実はほのかに甘いが、特においしいものではない。

ガマズミやカンボクも同じ仲間。ガマズミは果実酒にするととてもおいしいが、カンボクの実は、口に入れるとがっかりする。

黒く熟す木の実

クマヤナギ
Berchemia racemosa
〔クロウメモドキ科〕

河原や明るい林縁などに生えるつる性木本。7月頃、クマリン様の香りのある淡黄緑色の花が咲く。果実は開花後ちょうど1年経つ頃に、はじめは赤く、やがて黒く熟す。ほのかな甘味があって食べられる。花と果実とが同時に見られるというのが面白い。

食べるな！　危険！

ドクウツギ
Coriaria japonica
〔ドクウツギ科〕

河原や崩壊地など、不安定な環境に生える落葉低木。はじめは茜色、やがて黒紫色に熟す実は、なめし革のような質感がある。
この「実」は、肥厚して果汁をたっぷり含んだ花被片が、本来の果実を包みこんだもの。果実は、貝殻のような形の5個の分果からなる。
この果実には致命的な毒があるといい、嘔吐やけいれんののち、昏睡を経て呼吸マヒを起こし、死にいたるのだそうだ。実際に死亡事故例があり、絶対に食べてはいけない。
赤葡萄酒のような果汁は甘く、これにひかれてキタテハやコムラサキ、カブトムシやシロテンハナムグリといった面々が集い、酩酊していることがある。

ヤマウコギ

Eleutherococcus spinosus

〔ウコギ科〕

7月頃に、果実は黒紫色に熟す。ムクドリが群れていたのを見たことがあるが、苦味があって薬っぽく、おいしいものではない。球状の果序は、同じウコギ科のウドやキヅタなどに似ている。枝には鋭い棘がある。葉は5小葉からなる掌状複葉で、葉柄の基部の丸い膨らみは、キジラミの仲間による虫こぶ。

開花から結実まで

植物はたいがい、春に花が咲き、夏から秋に実を結ぶ。開花から結実に要する期間は、おおむね数ヶ月、半年以内のものがほとんどだろう。

しかし例外もある。たとえばクマヤナギは、花が咲くのは梅雨の末期の頃。そして翌年、次の年の花が咲く頃に結実する。だから花と果実が同じ時期に見られることになる。

クスノキ科のシロダモ(→p.96)は晩秋に花が咲くが、これまた果実が熟すのは翌年の晩秋、花と同じ頃だ。

クヌギやアカガシ、スダジイは開花の翌年の秋にドングリがみのる。他方、ヤナギの仲間やヤマナラシは、開花後ひと月半もすれば結実する。

タブノキ

Machilus thunbergii

〔クスノキ科〕

海岸の照葉樹林の構成種で、内陸ではあまり見ることができない。夏に、直径1cmほどの黒紫色の果実がみのる。芽吹きの頃はとても美しい。

ネムノキの花が咲く。夏が来る。

7月中旬、そろそろ梅雨明けも近づく頃、雑木林の林縁には、ノリウツギやリョウブ、アカメガシワなどが咲く。

ネムノキの花もこの時期のもの。河原などの不安定な環境に生えるが、安定した森の中では居心地がよくないようだ。イヌザンショウも夏の河原に出かけると花を見ることができる。ヌルデもまた、同じような環境に生える植物である。

少し標高の高いところに行くと、アジサイの仲間のツルアジサイや、近縁で別属のイワガラミが、樹木に絡みついて花を咲かせているだろう。同じアジサイ属のタマアジサイは花期が遅く、8月頃から咲き出して、10月上旬まで残っていることがある。クサギの花が濃密な香りを放つのも、お盆を過ぎる頃だ。

平野部では見る機会が少ないが、シナノキの仲間の花も夏のもの。7月中旬〜下旬頃に山地で見られる。

タラノキの花が咲くと、夏の樹木の花はほぼ終わる。

夏から秋の雑木林の林床には、多彩な顔ぶれのキノコが現れる。赤、白、黄色、緑色、紫色、茶色……と、まさに色とりどりのベニタケの仲間、形のよいイグチやテングタケの仲間。食べられるものを見つけたときはもちろん嬉しいが、可食、不食に拘わらず、その形自体が面白いのである。

オニテングタケ *Amanita perpasta*
〔テングタケ科〕
夏の雑木林に生える大型菌。乳白色〜淡褐色で、じつに存在感がある。図は幼菌。

ネムノキ
Albizia julibrissin
〔ネムノキ科〕
長いおしべ、めしべは蕾の中でジグザグに折りたたまれている。
おしべ
めしべ
花冠
萼

古く「ねぶりの木」。「合歓木」と書く。河原などに生える落葉高木。葉は2回偶数羽状複葉で、夜になると、対になった小葉どうしが閉じ合わせるようにくっつき、葉全体もうなだれる。オジギソウのように、触れただけでは葉は閉じない。他の樹種に較べて芽吹きが遅いので、「寝坊の木」と呼びたい気もしないではない。7月頃、小さな筒状の花冠から淡紅色の長いおしべが多数つき出し、繊細で美しい花が咲く。

　合歓の花びら　なでてく風のように
　しずかに優しく　歌声はささやく……
　(『歌声はささやく』　中村千栄子詞
　　／湯山昭曲)

という歌を知っている人も多いだろうと思う。

夏の河原に出かけてみると、ネムノキの花に出会えるだろう。イヌザンショウやヌルデもこういう環境に生える。遠くにまるくこんもりと繁っているのはオニグルミだ。

クロアゲハが好む花、ハナカミキリの好む花

クサギ

立秋からお盆過ぎ頃に咲く花は、濃密でボリューム感のある香りをまき散らす。連日の残暑にうんざりしている季節、この花の甘い香りに誘われて吸蜜に訪れる大きなクロアゲハやカラスアゲハの優雅な舞い姿を見ていると、つい時を忘れる。

おしべは４本
めしべ

長いおしべとめしべは、開花の前は輪になって収納されている。

クサギ *Clerodendrum trichotomum*
〔クマツヅラ科〕
明るい林縁などに生える落葉小高木。葉は対生で、ある種のビタミン剤のような独特の香りがある。和名は「臭木」だが、不快なものではない。
花冠の先は5裂し、ほぼ白色。細長い筒状部は濃い赤色をしていて、基部は萼の中におさまっている。長い4本のおしべと１本のめしべが花冠の先につき出している。花後、萼片は未熟な果実を包みこみ、秋に青く熟す頃、薔薇色の萼片が星形にひらく。

開口部から花の奥の蜜までは距離があって、これにありつけるのは舌の長いアゲハチョウやスズメガ、マルハナバチ、コシブトハナバチなどに限られる。

アカメガシワ
Mallotus japonicus
〔トウダイグサ科〕
河原や伐採跡地などの明るい環境に生える落葉高木。雌雄異株。夏のはじめから盛夏にかけて咲く花は、ひとつひとつは小さいが、全体として淡黄色の花序をつくり、案外目につく。高い枝に咲くので手が届き難いことが多いが、甘い、とてもよい香りがし、多くの昆虫が集まる。雄花と雌花とでは、だいぶ形が異なる。
葉は卵形で全縁、葉柄は赤味を帯びる。若い木では葉縁に粗い鋸歯があらわれる。葉身の基部には一対の蜜腺があり、この小さなくぼみには、小さな蟻が頭をつっこんで蜜をなめていることが多い。

雑木林の林縁などに生える落葉小高木。夏の盛りに、白い花が総状の花序になって咲く。花弁は5枚、花の直径は1cmほど。花には、タテハチョウやヒョウモンチョウ、ハナカミキリ、各種のハチやハナアブなどがやってくる。樹皮はナツツバキに似た鹿の子模様。

リョウブ *Clethra barbinervis* **〔リョウブ科〕**

照葉樹林の林床

サネカズラ
Kadsura japonica〔マツブサ科〕

照葉樹林やスギ林の林縁、林床に生える常緑のつる性木本。光沢のある楕円形の葉には浅い鋸歯がある。淡黄色の、10枚前後の花被片のある小ぶりの花が咲く。中心部に赤いおしべが球状に塊をつくっているのが雄花。淡黄緑のめしべの塊があるのが雌花。枝を折ると粘液がにじみ出し、これを整髪料に使ったので「美男蔓」ともいう。

雄花

うっそうと繁った暗い森の中に足をふみいれるのは、大いにためらいがある。実際、毒虫やヘビなどの危険も潜んでいるので要注意だ。安全を確かめた上でちょっとだけ覗いてみると、意外な発見もある。

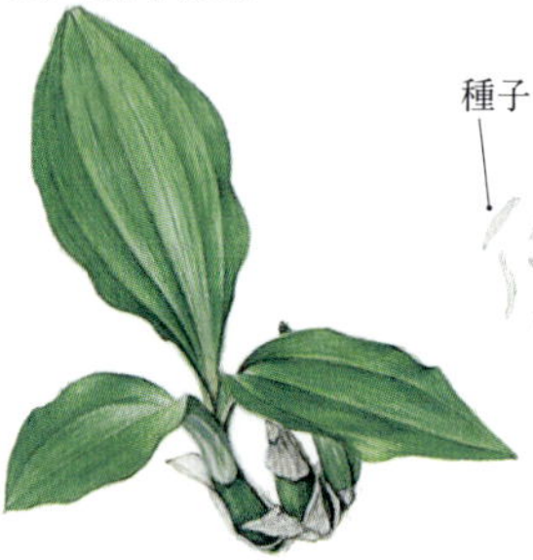

コクラン
Liparis nervosa〔ラン科〕

ある年の冬のさなか、しばしば訪れるヒノキ林の林床で、見慣れぬ冬緑型のランを見つけた。調べてみると、どうやらコクランらしい。夏になって再び現地を訪れてみると、まさにその通り。
照葉樹林帯に分布する暖地性のランで、宇都宮では初記録らしかった。7月頃に暗紫褐色の小さな花が咲くが、目立って美しいわけではなく、おそらく誰にも気づかれずにいたのだろう。よほどその気にならなければ、真夏の、下草の生い繁った湿っぽい森にわけ入ってまで、植物探しをしようとは思わないから。

フユイチゴ

Rubus buergeri〔**バラ科**〕

コクランを見つけたヒノキとスギの植林地にはフユイチゴが多い。地上を這って伸びひろがる常緑の小低木で、その名の通り、真冬に果実が赤く熟す。夏の終わり頃に、葉腋に白い小ぶりの花が数個あつまって咲く。全体に細かい毛が密生するが、棘は少ない。照葉樹林帯に分布。

ヤブコウジ

Ardisia japonica〔**ヤブコウジ科**〕

うす暗い林内に生える常緑の小低木。冬に赤い果実がみのり、美しくかわいらしいので、正月の縁起物として使われ、その季節になると鉢植えにされたものが店先に並ぶ。庭に植えられることも多いのでおなじみの植物だが、花には気づかずにいることも多い。夏に、白い5弁の花がうつむいて咲き、花弁には淡紫褐色の小さなまだらもようがある。地表のすぐ下で、匍匐枝を伸ばして四方にひろがっていく。「藪柑子」。正月飾りには欠かせないマンリョウ *A. crenata* も同じ仲間。沖縄には、黒い実のなるシシアクチ *A. quinquegona* がある。

小さな花の大きな花序

モンキアゲハやカラスアゲハの幼虫の食餌植物のひとつ。

カラスザンショウ
Zanthoxylum ailanthoides〔**ミカン科**〕

崩壊地や伐採跡地などに生える落葉高木。雌雄異株。枝や幹に短い棘がある。

雌花序

葉は長さが60〜70cmにもなる大きな奇数羽状複葉で、豪快な感じがする。小葉は濃い緑色で浅い鋸歯がある。真夏に、枝先に淡黄色の大きな花序をつくって咲く。

イヌザンショウ
Z. schinifolium〔**ミカン科**〕

河原や明るい林縁部などに生える落葉低木。雌雄異株。サンショウに似ているが香りが劣り、利用価値には乏しい。枝にはサンショウ同様に棘がある。
盛夏、枝先に皿状にひろがる花序をつけ、ハキリバチやハナムグリ、イチモンジチョウ、ジャノメチョウなど、いろいろな昆虫がやってくる。ナミアゲハやクロアゲハの幼虫の食餌植物のひとつ。

雄花

タラノキ

Aralia elata〔ウコギ科〕

山菜の「タラの芽」はよく知られているが、タラノキそのものがどんな木か知らない人も多い。崩壊地や原野などに生える落葉低木。あまり枝分かれせずにまっすぐに伸び、5〜6mの高さになる。

葉は2回羽状複葉で、長さは70〜80cmになる。枝の先端に大きな花序をつくり、夏の終り頃に、淡黄色の小さな花が咲く。枝や葉軸などに鋭い棘がある。

葉は２回羽状複葉。これ全体で１枚の葉だ。

ほとんど枝分かれせず、ぶっきら棒な樹形。

ヌルデ

Rhus javanica

〔ウルシ科〕

翼がある。

河原や明るい林縁などにごく普通に生える落葉小高木。葉は40〜50cmの長さになる奇数羽状複葉で、葉軸に翼がある。個々の花はごく小さいが、淡黄色の大きな円錐花序をつくる。

ものしりコラム

ヌルデの虫こぶ

葉軸には、鶏卵大になる袋状の虫こぶができる。これはヌルデミミフシと呼ばれ、ヌルデシロアブラムシによって形成されたもの。ここから採るタンニンは、現在でも草木染めなどに使われる。

軽井沢・日光のおすすめコース

連日の暑さに辟易させられていると、どこか涼しいところに出かけてみたくなるものだ。高度が100m増すごとに、気温は0.6〜0.7℃ほど下がるというから、標高1000mの土地ならば、海抜0mの場所と較べて、6〜7℃涼しい計算になる。外国人のための避暑地として発展した軽井沢は標高およそ1000m、同様の歴史をもつ奥日光中禅寺湖畔は1300mほど。低地の都市部と較べたらだいぶ涼しく、それに伴って植物相もずいぶん違ってくる。欧米から来た人たちにとって、これらの土地が人気の避暑地となったのは、植生が故郷のそれに似ていて親しみやすかったからだろう。

軽井沢

軽井沢の南部、塩沢湖周辺は、一日ゆっくり過ごすには格好の場所だ。近くには町の植物園もある。

しかし観光の中心はやはり旧軽井沢。聖パウロ教会をはじめ、由緒ある建築物を見てまわるのも楽しいが、植物好きには何よりもまず、諏訪神社をお勧めする。

旧軽のメインストリート沿いに軽井沢郵便局があり、その少し先を右に折れ、ユニオンチャーチを左手に見ながら静かな道を歩いていくと諏訪神社がある。

ここまで来ると、表通りの喧噪が嘘のよう。小さな石の鳥居から、石畳の道がまっすぐに、こぢんまりした社殿に続いているが、見あげると、ざっと見積もっても20mはあろうかという、ミズナラやケヤキやトチノキの巨木が、適度な空間を保って佇立している。幹の太さも半端ではない。珍しいホザキヤドリギの寄生したハルニレもある。温暖な土地であれば、さしずめ、シイやクスノキのうっそうとした大木が威容を誇るところだろうが、ここはそれら照葉樹の生育できる環境ではない。この、神々しくも明るい雰囲気の社叢林は、町の文化財に指定されているのだそうで、旧軽井沢を訪れるなら必見の場所。樹木に名札がつけられているのも親切だ。

メインストリートが尽きるところから、矢ヶ崎川にかかる二手橋を渡り、旧碓氷峠方面へ行くのも面白い。

峠の頂には、上信国境にまたがって熊野皇大神社がある。石の階を登りつめると左右にイチイの大木が一対。社殿に向かって左手奥には、樹齢850年といわれるシナノキの大木(→p.137)がある。落雷などの被害を受けて、樹高はそれほどでもないが、幹は太く、いかにもご神木にふさわしい姿である。残念ながら花の盛りに遭遇したことはないが、7月半ば頃が見頃だろうと思う。近くの見晴台(標高1205m)周辺にはチドリノキ(→p.142)が多く、カジカエデ、ニッコウナツグミ、オニヒョウタンボクなども見られる。

もうひとつ、プリンスのショッピングモールの、プリンス通りに面したカフェの一角に、アオナシの大木がある。甲信地方ではしばしば見かけるが、どこにでも多産するものではない。花盛りには、さぞかし美しいことだろう。

日光

ひとくちに日光といっても、東照宮をはじめとする、いわゆる「山内《さんない》」界隈と、いろは坂をのぼりきった中禅寺湖以遠の奥日光とでは、気候も植生もまるで異なる。

東照宮から1kmほど西、大谷《だいや》川に沿って東京大学大学院理学系研究科附属植物園日光分園がある。これが正式名称だが、普段は「日光植物園」で通る。入り口の看板にも、そう書いてある。自然の地形を生かした広い園内には国内外のさまざまな植物が植えられていて、小川や池もあり、のんびりとくつろげる。標高は650mほどで、まだ、丘陵地からの延長といえるだろう。因みに、輪王寺あたりの標高は634mなのだそうで、浅草からスカイツリーを横目に東武日光線で来ると、ちょうどそのスカイツリーのてっぺんの高さくらいまで上ってきたことになる。

さらに西進し、いろは坂をおよそ10分か15分かけて登ると中禅寺湖畔に出る。湖面の標高は1269mといわれ、面白いことに、先の輪王寺にスカイツリーを建てたとすると、そのてっぺんが湖面の高さになる。いかに大変な高度差があるかがわかるだろう。したがって、春や秋には、いろは坂の上り下りで、植物のようすが一気に変化するのを楽しむことができる。

中禅寺湖からさらに先、広々とした戦場ヶ原も楽しいハイキングコースだが、まずは湖畔で一服したい向きには、遊覧船での湖上めぐりもある。乗船前には、中宮祠のシナノキの大木(→p.137)を見ていこう。しかし、この界隈でゆっくり楽しみたいなら、立木観音の先の歌ヶ浜駐車場から旧イタリア大使館別荘までの、片道約1kmの散策路をお勧めする。湖畔沿いの散歩道はほぼ平坦である上、湖面から数m高いところを通っているので、斜面に生える樹木の枝が、ほどよく人の視野に入るところに伸び、観察には好都合だ。

道沿いには、ざっと数え上げても30種くらいの樹木の名前が思い浮かぶ。おまけに、よく似た紛らわしいもの同士のペアがいくつも見られ、見較べるにはもってこいの場所である。例を挙げれば、ブナとイヌブナ、オヒョウとハルニレ、ハウチワカエデとオオイタヤメイゲツ、シラカバとダケカンバとウダイカンバとミズメ、それにクマシデとサワシバとチドリノキ……。

旧イタリア大使館別荘は内部が公開されている。周囲には、大きなハリギリやブナ、イヌブナ、ウダイカンバなどが心地よい緑蔭をつくっている。

この建物が建てられたのは1928年。設計したのはチェコ出身の建築家アントニン・レイモンド。1935年に完成した旧軽井沢の聖パウロ教会を手がけたのが、他ならぬこのレイモンドである。

シナノキの仲間

ボダイジュ *Tilia miqueliana*〔**シナノキ科**〕
中国原産。葉の裏に白色毛が密生する。

シナノキ *T. japonica*〔**シナノキ科**〕
日本の在来種。花序の基部にへら状の苞があるのがこの仲間の特徴。

花は7月頃、梅雨末期から梅雨明け頃に咲く。

ヨーロッパシナノキ
（セイヨウボダイジュ）
T. × *europaea*〔**シナノキ科**〕
英名は、common lime。花をハーブティーとして利用する。

インドボダイジュ
Ficus religiosa〔**クワ科**〕
釈迦がその樹下で悟りをひらいたとされるのはこの植物。葉身の長さは20cmくらいになる。

ボダイジュ（菩提樹）という植物

シューベルトの歌曲集『冬の旅』の中の一曲、『菩提樹（Der Lindenbaum）』で歌われているのは、ヨーロッパのシナノキの仲間。

シナノキ*Tilia japonica*は日本の在来種で、関東あたりだと、標高700～800m以上の山地に見られる。シナノキの仲間は、枝葉がこんもりと茂り、全体として存在感のある姿になる。花盛りには、その枝先に淡黄色の花がびっしりとつくものだから、遠くからでも木全体が白っぽくかすんで見え、その霞の中から仄かな甘い香りが漂ってきて夢見心地へと誘う。養蜂家にとっては蜜源としても重要で、実際、夥しい個体数のミツバチやハナアブが花のまわりで羽音をたてて群がっている場面に遭遇する。ハーブの好きな人たちに「リンデン」として知られているのは、ヨーロッパシナノキ*T.* × *europaea*で、乾燥させた花序をハーブティーとして利用するが、日本産のシナノキも同様に利用できる。クルマバソウ*Asperula odorata*のそれによく似た、クマリン系の芳香のあるハーブティーだ。また、シナノキの材は軟らかく加工しやすいので、彫刻材などにも使われ、先年、ある展覧会で目にしたリーメンシュナイダーの彫刻の解説には「菩提樹材」と記されていた。さらに、シナノキの樹皮の繊維は長くて丈夫なので、これを用いて布を織ったこともよく知られている。試しに、シナノキの枝を手折ろうとすると、これが全然折れないのである。

英名はlime、ドイツ語ではLinde(-n)もしくはLindenbaum。ドイツ語の“lind”には「甘い」とか「やさしい」の意味もあって、マーラーの『リュッケルト歌曲集』の中に、この花の甘い香りが歌われているし、マーラー自作の詩による『さすらう若者の歌』にもまた、菩提樹が登場する。

寺院などに植えられているボダイジュ*T. miqueliana*は中国原産のシナノキの仲間。釈迦がその樹下で悟りをひらいたとされるのは、これとは全く別の、クワ科のインドボダイジュ*Ficus religiosa*。これは日本では熱帯温室などでしか見ることはできない。葉の形が似ているので、本来のインドボダイジュの代替として、シナノキ科のボダイジュが植えられるようになったようだ。

旧碓氷峠（軽井沢）の熊野皇大神社にあるシナノキの大木。樹齢は850年という。

ヴィルヘルム・ミュラーの詩にもとづくシューベルトの『菩提樹』は泉の畔に立っていたが、こちらは奥日光中禅寺湖畔のシナノキの大木。

シラカバの仲間

ダケカンバ
シラカバ
シラカバの樹皮
ダケカンバの樹皮
シラカバの果穂は
下垂する。
ウダイカンバ
葉は大きく、厚
みがある。
ミズメ
果穂は上向き。
ウダイカンバの樹皮

シラカバ　*Betula platyphylla* var. *japonica*〔**カバノキ科**〕

白い樹皮とほっそりした樹形、暑苦しくない樹冠は、いかにも清々しい印象を与える。山火事の跡や崩壊地などに一斉に芽生え、遷移の初期段階で優勢となる、いわゆる先駆植物。寿命は短く、大木は多くはないが、日光の湯元ビジターセンター近くには、目通りの直径が70〜80cmはあろうかという立派なものが1本ある。果穂は垂れる。

ダケカンバ　*B. ermanii*〔**カバノキ科**〕

シラカバよりも標高の高いところに生える。樹皮はサーモンピンクを帯びる。葉の形はシラカバに似ているが、側脈の数がシラカバは6〜8対、ダケカンバでは7〜12対。果穂が直立するのも、シラカバとの相違点だ。

ウダイカンバ　*B. maximowicziana*〔**カバノキ科**〕

奇妙な名前は、燃えやすい樹皮を鵜飼いの松明に使ったことに由来するのだそうで、それ故に「鵜松明樺」。葉は前2者よりもはるかに大きく、基部はハート形で、鋸歯の先が湾曲して葉の先端のほうを向く。果穂は下垂。大木になり、樹皮はシラカバよりも灰色っぽく、横長の皮目が目立つ。マカバ(真樺)ともいう。

ミズメ　*B. grossa*〔**カバノキ科**〕

灰褐色の樹皮には横長の皮目が多数あって、桜の樹皮に似ている。葉は先のとがった卵形で、基部は浅いハート形になることが多い。果穂は上向き。枝を折ると、サリチル酸メチルの、清涼感のある香りがするのが何よりの特徴。「サロメチールの木」という人もいる。「ヨグソミネバリ」の名もある。「ミネバリ」は「峯榛」の意味だろう。

高原の爽やかな香り

シラカバを抜きにして、爽やかな高原のイメージは描けない。姿かたちも、またそれが立ち並ぶようすも、風通しがよい。

しかし、その爽やかさは、単なる印象とばかりはいえない。実際、シラカバやダケカンバを一枝、萎れないようにポリ袋に入れてしばらく放置すると、清涼感のある香りが充満してくる。

同じカバノキ科の樹木では、ヤシャブシの若葉や冬芽の、ニッキ飴のような芳香も特徴的だし、シラカバの仲間のミズメの枝はサリチル酸メチルの香りを放つ。

ミズメと同様の芳香をもつ植物としては、シラタマノキがよく知られている。亜高山帯から高山帯の岩場に生えるツツジ科の矮小灌木で、白い果実(偽果)を口に入れると爽やかな味と香りを楽しめるが、日本人にはなぜか不人気のようで、この香りの輸入キャンディーが手に入らなくなって久しい。痛恨の極みである。

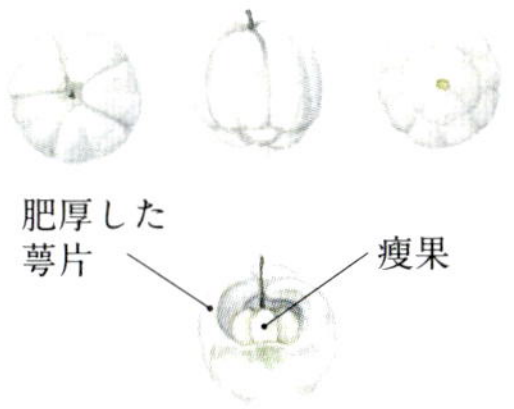

シラタマノキ
Gaultheria pyroloides
〔**ツツジ科**〕

イギリスでwintergreenと言えばイチヤクソウ(一薬草)の仲間を指すが、アメリカでは、これはシラタマノキの仲間のこと。

カバノキ科の樹木

クマシデにしろ、ヤシャブシにしろ、
あるいはカエデやシナノキにしても、
芽吹きの頃とはだいぶ違った姿に変化した。

夏の山道を歩くと、
シデの仲間の果穂が
よく目につく。

カラハナソウ

Humulus lupulus var. *cordifolius*〔**クワ科**〕

寒冷地に多いつる性草本。ビールの香りづけに使われるホップはヨーロッパ原産で、カラハナソウはその変種とされる。枝や葉柄にかぎ状の突起があり、これで他のものに絡みつく。雌雄異株で、松笠状の雌花序はシデの仲間の果穂にそっくり。ビールの香りづけには、未熟な雌花序を使うのだそうだ。

クマシデ　*Carpinus japonica*〔**カバノキ科**〕

沢筋などに生える落葉高木。葉は細長い楕円形でごわごわした感じ。側脈は20対くらいある。淡い黄緑色をした大きな果穂が枝先に多数垂れる。

サワシバ　*C. cordata*〔**カバノキ科**〕

クマシデよりも標高の高いところの沢筋などに生える。葉は卵形で基部は浅いハート形になる。クマシデに似ているが、側脈は15対くらい。果穂もクマシデのそれによく似ているが、やや長いことが多く、果苞の鋸歯がクマシデよりも目立たない。

アカシデ　*C. laxiflora*〔**カバノキ科**〕

葉は小さく薄手で、先端が細長く突き出る。果苞は、互いに密着しないので、果穂全体の形がクマシデなどとはだいぶ違った印象になる。

ヤシャブシ　*Alnus firma*〔**カバノキ科**〕

崩壊地や山道の法面などに生える。湿地帯に生えるハンノキと同属だが、葉はハンノキよりも質が厚い。冬芽や若葉にはニッキ飴のような香りがあって快い(→p.20)。

ハシバミ

Corylus heterophylla var. *thunbergii*

〔**カバノキ科**〕

日本の在来のヘーゼルナッツである。分布域が限られていて、野生のものを目にする機会が少ないのが残念。同じ仲間のツノハシバミは雑木林にありふれた灌木だが、果実は小さくて食用には不向き。

カエデの仲間

チドリノキ
Acer carpinifolium
〔**カエデ科**〕

葉はクマシデに似ているが、より大きく質は薄い。黄色く色づき、若い木では枯れた葉が春先まで残る。

カラコギカエデ
A. ginnala var. *aidzuense*
〔**カエデ科**〕

湿地帯に生える。同じ環境に生えるズミやカンボクの葉に似ている。

未熟な果序は上を向く。

ヒトツバカエデ
A. distylum〔**カエデ科**〕

この葉の形からはカエデの仲間だと想像しにくい。

カエデさまざま

カエデといえば、私たち日本人には掌状の葉のものが馴染み深い。しかし、中には葉の形だけではカエデとは思えないような人騒がせなものもある。

その最たる例がチドリノキとヒトツバカエデ。前者はシデの仲間、特にクマシデそっくりの葉をしていて、学名も英名(hornbeam maple)もそれに因む。後者の葉はシナノキの仲間に似ているというので、lime-leaved mapleという。カラコギカエデの葉はズミやカンボクのそれに似ている。これらがカエデの仲間であることは、特徴的な翼のある果実を見れば明らかだし、葉が対生することもこの仲間の特徴。

とはいえ、掌状のものもまた種類が多く、互いによく似ていて見分けがやっかいなことが多いのも事実。裂片の数や深さ、葉柄の長さや毛の有無などを手がかりに、わかりやすいものを憶えてしまうのがよい。

カエデの仲間は芽吹きの時期に特徴が現れる(→p.26–29)。

オオイタヤメイゲツ

A. shirasawanum

〔**カエデ科**〕

ハウチワカエデに似るが、葉柄は葉身とほぼ同長で無毛。

イタヤカエデ

A. mono〔**カエデ科**〕

裂片に鋸歯がないのが特徴。

ハウチワカエデ

A. japonicum〔**カエデ科**〕

掌状に 9～11 裂。葉柄は短く、葉身の 1/2 以下で、白色毛が密生する。

カジカエデ

A. diabolicum〔**カエデ科**〕

サトウカエデあるいはプラタナスに似た形の葉。果実の形も特徴的。

ハリギリ（**センノキ**）

Kalopanax septemlobus〔**ウコギ科**〕

他人の空似

ハリギリはウコギ科。カエデとそっくりの大きな葉は、天狗の羽団扇のモデルとも言われ、葉身の長さが25cmを超えることも。葉は互生し枝にトゲがある。

谷筋の樹木

カツラ

Cercidiphyllum japonicum

〔カツラ科〕

渓畔林の構成種。根際から株立ちになって、見上げるような大木になることが多い。雌雄異株。黄色く色づいた葉には、バニラ様の甘い香りがある。

サワグルミ

Pterocarya rhoifolia

〔クルミ科〕

山地の谷筋などに生える落葉高木。葉は、奇数羽状複葉で、長さ30cmほど。翼のある果実が、30～40cmほどの軸に穂になってつき、枝先に垂れるので、案外目につく。

翅をひろげた蝶のような形の果実。

果穂は30～40cmの長さになる。

ハート形のまるい葉が、細い枝に対生するのが、何よりの特徴。

フサザクラ　*Euptelea polyandra*〔**フサザクラ科**〕

特に見栄えのするものではないが、葉の形が特徴的なので、緑一色の夏の森でも、人目につきやすい。谷筋などに生える落葉高木で、時に、10mを超えるようなものもある。スプーンのような形の、翼のある扁平な果実が、葉腋に垂れる。

若葉は表裏ともに白い絹状毛で被われる。

シロヤナギ
Salix jessoensis
〔**ヤナギ科**〕

ネコヤナギ
S. gracilistyla〔**ヤナギ科**〕

バッコヤナギ
S. bakko〔**ヤナギ科**〕

オノエヤナギ
S. sachalinensis〔**ヤナギ科**〕

ネコヤナギは中～上流域の、礫の多い河原に生える落葉低木。バッコヤナギは明るい山道のような乾燥したところに生える落葉高木。ネコヤナギに較べると托葉はごく小さく、目立たない。
シロヤナギは、礫の多い河原に生える落葉高木で、とても大きくなる。葉面には、特に若葉では表裏とも白い絹状毛が密に伏生して、樹冠が白っぽく輝いてみえる。よく似たコゴメヤナギは無毛。両種ともヤナギの仲間としては、葉が小さい。
オノエヤナギは、河原や明るい山道などに生える落葉高木で、生育環境はひろい。葉は細長く14～15cmほどになり、波状の鋸歯がある。

夏緑林の主役

ブナ *Fagus crenata*
〔ブナ科〕

殻斗は4裂し、三角錐形
の堅果が現れる。

葉は厚みがあり、
側脈は7〜11対。

イヌブナ
F. japonica〔ブナ科〕

果実は長い柄
で下垂する。

葉は質が薄く、
側脈は10〜14対。

ミズナラ
Quercus mongolica var. *grosseserrata*
〔ブナ科〕

オヒョウ
Ulmus laciniata〔ニレ科〕

葉の先が3〜5裂。

葉の先が
裂けないも
のもある。

ハルニレ
U. davidiana var. *japonica*
〔ニレ科〕

ブナ　*Fagus crenata*〔**ブナ科**〕

冷温帯の夏緑林の構成種。樹皮は灰色でなめらか。さまざまな地衣類が付着して、美しいもようを描くことがある。葉は卵形で、側脈が達したところで、葉の縁がくぼむのが特徴。葉はイヌブナに似ているが、厚味があり、側脈は7〜11対。年によって豊凶の差が大きく、豊作の翌年はたいがい全く花が咲かない。

イヌブナ　*F. japonica*〔**ブナ科**〕

ブナに似ているが、葉の質が薄く、側脈は10〜14対。果実は小さくて、長い果枝でぶら下がる。奥日光中禅寺湖畔では、ブナとイヌブナが混生し、見較べるのにはよい場所だ。

ミズナラ　*Quercus mongolica* var. *grosseserrata*〔**ブナ科**〕

ブナとならんで、冷温帯の夏緑林を構成する。コナラに較べると、葉がはるかに大きく、葉柄は短い。鋸歯の形には変異がある。ドングリもずっと大きい。樹皮は灰白褐色で、縦に深く裂ける。奥日光の竜頭の滝から戦場ヶ原にかけての道の両側には、広いミズナラ林がある。

オヒョウ　*Ulmus laciniata*〔**ニレ科**〕

山地に生える。次種に似るが、葉の先が3裂または5裂する。もっとも、葉先が裂けないものもあって紛らわしいが、ハルニレに較べると葉柄が短く、葉の先は細く突出する。葉の表裏に、白色の短い逆向きの剛毛があって、非常にざらつく。

ハルニレ　*U. davidiana* var. *japonica*〔**ニレ科**〕

左右不相称の卵形の葉は、表面に短い剛毛のある個体もあるが、オヒョウほどざらつかない。表面は平滑で、脈状に軟毛が密生する。樹皮は黒っぽく、縦に細く裂けめができる。寒冷地、特に北海道に多く、軽井沢周辺や奥日光湯元あたりにもよく見られる。

北海道では「エルム」の名で呼ばれることも多い。

　　エルムの木かげ　ぬけてく風のように
　　しずかに優しく　歌ごえはささやく…(『歌ごえはささやく』)

札幌の輪声会の歌ったCDで、ぼくはよくこの歌を聴く。

樹皮や樹形にも、種ごとの特徴がある。樹齢などによっても違うので、これだけで見分けるのは難しいが、よい手がかりになるのも事実だ。

ブナ

ミズナラ

ハルニレ

ハリギリ
(→ p.143)

あとがき

普段身近にあっても、直接自分の利害に結びつかないものには、無関心になりがちなのが人の常。

樹木など、その典型かもしれない。

森林の存在が、どれほど人間にとって——というより、地球上の生き物にとってかけがえのないものであるかは、頭ではなんとなく理解しているつもりでも、いざ身近な雑木林の具体的な樹木についてとなると、どれほど関心を持って接しているだろうか？　これは食べられる、とか、こいつはおいしい！　などといわれないかぎり普段はあまり目を向けずにいる。

なるほど樹木というものは、どうもとっつき難い印象がある。いつも美しい姿で人の目を楽しませるために、花屋の店先にならんでいるバラやチューリップなどとはまったく違う。自然の中で永年生き続けていれば、幹も枝もねじ曲がるだろうし、苔むしてもくる。花も葉も虫喰いだらけだったりもする。そもそも、花や果実にしてからが、人の手によって改良された栽培品種に慣らされた目には、いかにも地味に見える。

しかし、それが本来の自然というもの。ここには、気が遠くなるほどの長い歴史と、それを背負ったかけがえのない生き物どうしのつながりがある。そう思ってあらためて自然に目をやれば、少し見え方が変化しやしないだろうか？

自然はいつでも、何がしかの面白い発見をさせてくれる場所だと思う。だから、予断をもたずに接するのが一番よい。自然を知ろうとする上で、季節外れというものはないはずだ。

ニワトコ

北大構内にて採集
April 22, 1985.

とはいえそれは、ある程度の準備というか下地ができていればこそのことでもある。一般的には、それぞれの種類ごとに、見頃や見どころというべきものがあって、たまたまそれに遭遇すると、それがきっかけになって、より一層の関心へと導かれることだってあるのだ。

昔、こういうことがあった。

中学を卒業する頃だったか、それとも高校生になった頃だったか、季節も、春だったか秋だったか、どうもはっきりしないのだが、家からほど遠くないところ、およそ1kmほど北の雑木林から、2、3種類の、まだ小さな若い木を引っこ抜いてきて、家の庭の隅に植えたことがあった。大きく育てるにはまったくふさわしくない場所だったので、常に寸詰まりにされ、結局枯れてしまったのは残念だった。

そういう衝動に駆りたてたのは、ひとつには、これらの樹木があれば、あの雑木林で見つけた美しい昆虫を、もっと身近なところで見られるかもしれないと考えたからだった。金属光沢のある、赤紫色の、小さな宝石のように光り輝く甲虫は、ファウストハマキチョッキリといった。それを、ある年の春、たぶん5月の連休の頃にくだんの雑木林で見つけたのだった。真新しい昆虫図鑑で知った、*Byctiscus fausti*という学名は即座に憶えた。

その、美しいファウストハマキチョッキリがいた植物は、ひとつはアカシデらしいことはわかったのだが、もうひとつが、当時の手許にあった図鑑では、どうにも調べきれなかった。もどかしかった。だが、それはまた、その正体不明の樹木の芽吹きの頃の姿が、昆虫好きの少年の目にも、ひときわ魅力的に思えたということに他ならなかった。だからこそわざわざそれを引き抜いてきて、我が物にしようと持ち帰ってきたのだ。

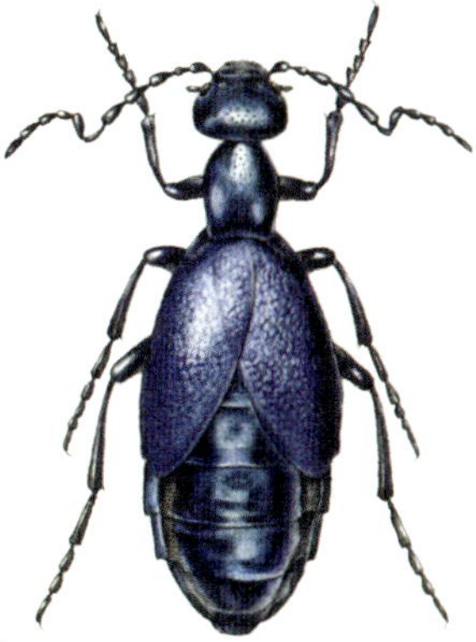

1983年に描いた、
カラフトツチハンミョウ

Red Currant. Ribes rubrum L.

フサスグリ(1979年)

もっとも、その時に、樹木の芽吹きの美しさをはっきり意識したのかといえば、そういうことではない。今にして思うと、それが強い印象として心に刻まれ、樹木への関心のきっかけのひとつになった、ということである。しばらく歯がゆい思いをさせられたのち、明らかになった名前は、ウリカエデだった。

そうそう、こんなことを書いていて思いだしたのだが、アカシデやウリカエデと相前後して、その雑木林から引っこ抜いてきて庭の隅に植えたもののなかには、ウグイスカグラやズミもあって、それらは今も健在なはずだ。

それに加えてもうひとつ、これまた正体不明のままに持ち帰ってきたものがある。うろ覚えの記憶をたぐり寄せてみると、まだ明るい春の雑木林の林床で、高さが20cmくらいあるかどうかの、ひょろっとした細い枝のてっぺんに、端整で明瞭な脈のある若葉が対になった姿の小さな木を、子ども心に——というには少し年齢が進みすぎてはいるが——なんとなく面白く思って、さてどれにしようかと品定めしながら歩いたのを、おぼろげに思い出すことができる。それが、今思えば、何のことはない、ガマズミであるとも知らず、第一、調べようにもこれまた手がかりを持ちあわせていなかったのも事実だが、むしろ正体が明らかでないからこそ、何かの期待を膨らませていたとおぼしきふしがある。それに、どんな植物であれ、芽吹きの頃の姿というのは、これから何事が起きるのかという楽しい気分へと誘うものなのだ。やっと野生の植物に目を向け始めたばかりの少年には、ごくありふれたこの植物の形が、その時は、殊更面白いものに思えたに違いなかった。

そのくせ、ほどなく、それらの植物のことにはあまり気をとめなくなった。新緑の季節——ぼくにとっては、植物よりももっと大切な、肝心かなめの、昆虫の季節がやってきたからだった。

バッコヤナギの芽ぶきのスケッチ

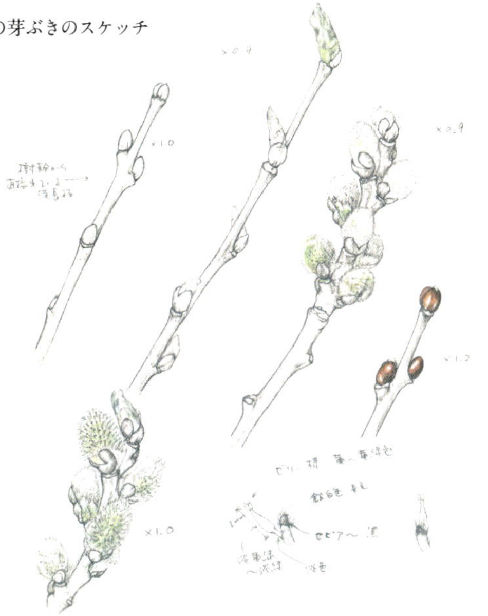

そんなわけで、今回、この本ではなるたけ多くの樹木の芽吹きをとりあげた。取材しきれなかったり、紙幅の都合上、割愛したものもたくさんある。いつもはいかめしい姿の樹木も、芽吹きの頃の姿は春の小さな野の花に劣らず、繊細で可愛らしいものなのである。それらの名前を知ることができたら、散歩の折の寄り道も楽しくなるはずだ。

それにしても、ひとつ残念なのは、中学生から高校生の頃の記録がまるでないことである。

その当時、記録をつける習慣がなかった。いや、中学生になったばかりにつけ始めた採集記録のノートは、たちまち中断してしまった。

まがりなりにも記録——当初はほとんど昆虫の採集記録、少しあとになって植物の観察記録になった——をつけるようになったのは、大学に入ってからだ。自覚がなかった、という一語に尽きる。

そういう悔しい思いもあるので、是非みなさんには、記録を残すことをおすすめする。記録のつけ方は以前書いたので、ここでは繰り返さないが、観察した年月日と場所と、具体的な事項を書き留めておくだけでよい。それがあるのとないのとでは、大違いなのである。

記録をつけるということは、経験の乏しい人にとってはおっくうに思える。どうせ長続きしないのだから、始めてみても無駄だ、と思う人もいるだろう。

1984年6月の終わりに描いたノイバラ

たしかに初めは苦役かもしれない。けれども、何事によらずそうだと思うが、しばらく続けてみると、だんだんにその面白みがわかってくるものだ。それを実感するには、何はともあれやってみなければならない。

こんなことを書くと、何だか偉そうで気がひけるのだが、少したとえ話をしようか。

継続するというのは、言ってみればコップに(あるいはダムでもよいが)水を注ぐようなものである。それがいつ満杯になって溢れ出すかは、注ぎ方にもよるし、予め蓄えがあるかどうかにもよるので、誰にも予測はできない。いつになったら満杯になるか不安だろう。しかし、だからといって途中で放棄したら、それまでの努力は水泡に帰す。せっかく注いだ水も蒸発してしまえば元の木阿弥だ。それを、少し辛抱して、諦めずに注ぎ続けていれば、ある時、どっと溢れ出す。継続して何かをやっていると、ある日突然、視界がひらけるという経験をするものだ。壁を越える、とか、ひと皮むける、という感覚も同じことである。長い間苦労したあげくにたどり着いた、そうかこういうことだったのか！　という思いは、努力のごほうびとして得られるものだ。もちろん、たいがいの場合、その先にはまた別のコップなり壁がひかえているものだが、しばらくは、その置かれた状況を楽しめばよいのだ。

記録をつけたり、スケッチをしたりしながら自然を見ていくと、それに応じて知識もふえ、ものの見方も深まり、新たな世界が眼前にひろがってくるものだと思う。

どうです、何か始めてみたくなりませんか？

さくいん

ページ番号太字は、本文中に図解や詳細な説明があるもの。細字は、図解のないもの、および異名・別名や総称を示す。

【植物名】

ア行

カ行

サ行

タ行

ナ行

ハ行

マ行

ヤ行

ラ行

【昆虫・動物名】

ア行

カ行

サ行

タ行

ナ行

ハ行

マ行

ヤ行

ラ行

参考文献

1 『原色日本植物図鑑　草本篇(Ⅰ～Ⅲ)』，北村四郎他，保育社，1957・1961・1964

2 『原色日本植物図鑑　木本篇(Ⅰ～Ⅱ)』，北村四郎他，保育社，1971・1979

3～7 『山渓ハンディ図鑑　1～5』，山と溪谷社，1989～2001

8 『学生版牧野日本植物図鑑』，牧野富太郎，北隆館，1967

9 『北海道主要樹木図譜　普及版』，宮部金吾他，北海道大学出版会，1986

10 『週刊朝日百科　植物の世界(全145巻、別冊5巻)』，朝日新聞社，1994～97

11 『フィールド百花　野の花1～3』，大場達之他，山と溪谷社，1982

12 『フィールド百花　山の花1～3』，大場達之他，山と溪谷社，1982

13 『日本の植生』，宮脇 昭編，学習研究社，1977

14 『虫こぶハンドブック』，薄葉 重，文一総合出版，2003

15 『サクラハンドブック』，大原隆明，文一総合出版，2009

16 『オトシブミハンドブック』，安田 守・沢田佳久，文一総合出版，2009

17 *Field Guide to the Wild Flowers of Britain*, Reader's Digest, 1981

18 *Field Guide to the Trees and Shrubs of Britain*, Reader's Digest, 1981

19 *Flora Britannica*, Richard Mabey, Sinclair Stevenson, 1996

20 『資源植物事典』，柴田桂太編，北隆館，1957

21 『生物学名命名法事典』，平嶋義宏著，平凡社，1994

22 『物類称呼』東條 操校訂，岩波文庫，1977

23 『暮らしの中の植物』，守屋忠之，みくに書房，1989

24 『野草の自然誌』，長田武正，講談社学術文庫，2003

25 『日本の樹木(正・続)』，辻井達一，中公新書，1995・2006

26 『草樹との出会い』，鮫島惇一郎(絵と文)，北海道新聞社，1995

ジョウザンシジミ

1と2は、現行の植物図鑑として一番基本的な文献。図版の絵は腊葉標本から再現されたものが多いので、自然さの点で物足りないところがあるが、この作業には多くの困難がつきまとう。たいへんな時間と労力を費やした金字塔。

3～7は新しい知見に基づく写真図鑑。特に、第3～5巻にかけての木本篇は、写真が美しく、解説も充実している。必携の図鑑。

8は内容は少し古いが、文字通り学生時代から使って愛着がある。昔の本を読むには古い辞書が不可欠なように、古い図鑑にはそれ相応の役立て方というものがある。

9は、1920年(大正9年)から1931年(昭和6年)にかけて刊行された図譜の復刻、縮刷版。リトグラフによる詳細な図は圧巻。解説は新たにリライトされている。

10は最近の新しい分類体系に基づいたもの。学名などは、これを参考にさせていただいた。

11、12は、生態学的視点による植物図鑑。美しい生態写真と解説がすばらしく、古典的名著といってよい。

13はタイトル通り、日本の植生についてまとめられた本。これまたしばしば参考にさせてもらっている。

14～16は、このハンドブックシリーズの一部。他にも多数あって、重宝させていただいている。

17、18はイギリスの図鑑。多くの画家が分担して絵を描いていて、できばえにはばらつきがあるが、これは楽しい本。他に昆虫や野鳥を扱ったものもある。

19はイギリスの植物誌。

20は記述の内容は古めかしいが、かつて植物がどんなふうに利用されてきたかがよくわかる。貴重な文献だと思う。

学名の意味やつづりなどに関しては、21を参考にさせてもらった。

22は江戸時代の方言集。動植物はもとより、気象や衣食、言語に関するものまで、多岐にわたる。

23は、おもに秩父地方の植物民俗史の本。方言についての記述が多く、参考になる。

24は、植物観察入門としておすすめの一冊。同じ著者による『原色野草観察検索図鑑』もすぐれている。

25の著者は湿原の生態学がご専門だったが、学者ぶらない語り口が辻井節として人気があった。個人的にも、いろいろとお世話になったのだが、2013年1月に急逝された。

26も鮫島節による楽しい読み物。著者は、ご自身の絵でエンレイソウ図譜を出すほどの腕前の持ち主。この方の植物の絵を見て、こういうものを描いてみたいと思ったのが、ぼくの画業のきっかけのひとつだった。

著者紹介
長谷川哲雄（はせがわ・てつお）

1954年、栃木県宇都宮市生まれ。
北海道大学農学部卒業、専攻は昆虫学。
学生時代から独学で植物の絵を描き始める。
以来、一番の関心事は多様な生き物どうし――特に植物と昆虫の関係。
植物だけ、昆虫だけにとどまらない双方の世界を生態系として描くことができる希有な存在。
また、定期的に自然観察会を開いて、身近な自然のおもしろさを伝えている。宇都宮市在住。
著書に『野の花さんぽ図鑑』『野の花さんぽ図鑑　木の実と紅葉』（築地書館）、『森の草花』『のはらのずかん』『木の図鑑』『野の花のこみち』（以上岩崎書店）、『昆虫図鑑』（ハッピーオウル社）、『おとなの塗り絵 薔薇色の人生』（メディアファクトリー）など。
NHK文化センター宇都宮教室ボタニカルアート講座講師。

森のさんぽ図鑑

2014年3月10日　初刷発行

著者　長谷川哲雄
発行者　土井二郎
発行所　築地書館株式会社
〒104-0045
東京都中央区築地7-4-4-201
TEL　03-3542-3731
FAX　03-3541-5799
http://www.tsukiji-shokan.co.jp/
振替　00110-5-19057
ブックデザイン　今東淳雄（maro design）
印刷・製本　シナノ印刷株式会社

ISBN978-4-8067-1473-6 C0645

● 築地書館の本 ●

野の花さんぽ図鑑

長谷川哲雄[著]

2400円+税

花、葉、タネ、根、季節ごとの姿の変化から名前の由来まで、野の花370余種を、
花に訪れる昆虫88種とともに、二十四節気で解説。
身近な草花の意外な魅力にびっくり!
写真図鑑では表現できない野の花の表情を、美しい植物画で紹介します。

野の花さんぽ図鑑
木の実と紅葉

長谷川哲雄[著]

2000円+税

『野の花さんぽ図鑑』待望の第2弾!
前作では描ききれなかった樹木を中心に、
秋から初春までの植物の姿を、繊細で美しい植物画で紹介。
ますますさんぽが楽しくなる、新たな発見がいっぱいの一冊。